吃完后能令人心情放松，

才是在家烤面包的乐趣所在。

完美烘焙术系列

好吃的天然酵母面包

[日]齐 藤 知 惠　著
新锐园艺工作室　组译
于蓉蓉　张文昌　译

中国农业出版社
北　京

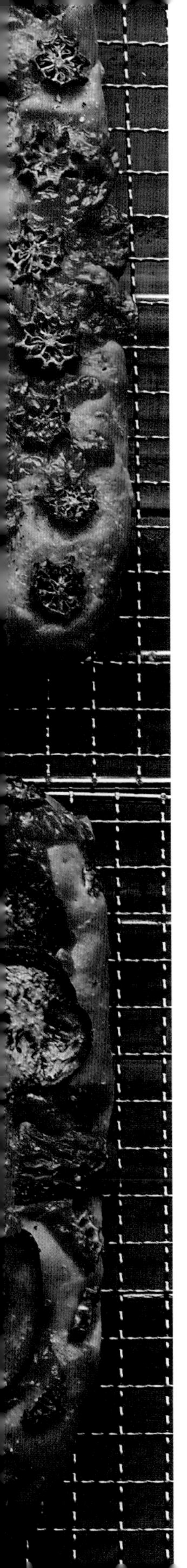

前 言

本书改进了CHIPPRUSON店制作天然酵母面包的配方，非常适合家庭使用。

利用普通的食材，在家庭厨房里使用家用烤箱，将CHIPPRUSON店中经典且极受欢迎的面包味道尽可能再现出来。

本书介绍的食材都可以在日本买到。该书记载了我的所有经验和感受，省略了可以省略的工序，为读者提供“不管使用任何面粉都能烘焙出口感极佳的面包”的配方。

尽管有所省略和改进，但面包味道的精髓在制作过程中被完整地保留下来，所以即使是烘焙爱好者也能从书中有所受益。我从大量的书籍中了解到天然酵母面包的世界。简而言之，教我做面包的是书籍。

如果这本凝聚了我全部经验的书，能成为您做面包的指南，这将是非常荣幸的事。

CHIPPRUSON

齐藤知惠

为了在家中烤出好吃的天然酵母面包

CHIPPRUSON给您的5个建议

在这本书中，为了让读者在家中也能烤出美味的面包，我将多年来花费不少心力总结出的经验和技巧介绍给大家。在我们开始制作面包前，想先与您分享5个建议。

1 请用自家精心培养出来的天然酵母来制作

我想借这本书传达一个理念，那就是：“在家也能烤出极致美味的面包。”当自制酵母适应各个家庭环境后，就能做出世上绝无仅有的“风味独特的自家面包”。就像“我家的味噌汤”对家人来说，是全世界上最好喝的味噌汤一样。吃完后能令人心情放松，才是在家烤面包的乐趣所在。本书中，将传授最容易制作、烘焙时会散发出果香味的葡萄干天然酵母做法。最初在培养酵母时，请毫不吝惜地使用优质原材料，这样烤出来的面包在滋味上会回报你。

2 优先考虑面团的口感而不是烘焙的美感

经常听到一些对烘焙有兴趣的人抱怨：自己烘焙出来的面包不像店里的面包一样鼓鼓的，或面包表面的割纹不能完美裂开等。我在开始写这本书之前，也是以在家里做出像面包店一样精致面包为目标。然而，用家庭烤箱是不可能完成的。反复试验了多次也无法成功，弄得我筋疲力尽，后来我突然想到：“有必要像面包店里卖的一样吗？家里做的面包有家里做的好处，不是吗？”那一刻，我的想法改变了。“不管用什么面粉都能做出味道好的面包”成了我的目标。按本书介绍的方法烘焙出的面包可能不如面包店里的卖相好，因为这本书介绍的是“口感优先”的面包制作方法。

3 6种基础款面包

本书以6种基础款面包为基础，经过细微调整可以烤出20种面包。6种基础款面包分别是：豆浆面包、佛卡夏、山形面包、布里欧修、贝果、法式乡村面包。从质地柔软到硬质的面包，你可以在家里享受烘焙各种面包的乐趣。烘焙出的面包口感纯正、麦香甘甜，完全可以打破你对“天然酵母面包带有酸味”的刻板印象。

4 用家用面包机完成揉面工序

想要做出口感好的面包，熟练的揉面技术是必不可少的。然而，手揉面团力道把握不好，总会出现偏差，为了发挥稳定，本书所有的面包均采用家用面包机专用的“揉面功能”。但每个制作方法中的揉面时间被严格规定为“13分钟”或“7分钟”，这样就不能用机器内置的计时器来计时（许多型号的计时方法是以10分钟为单位设置的）。

5 掌握适合自家环境的温度管理方法

温度管理是制作天然酵母面包中最重要也是最困难的环节。在本书中，为了不让读者对温度管理倍感压力，已经扩大了指定的温度范围。为了给需要培养数日的天然酵母提供一个温度恒定的环境，可以利用酸奶机或烤箱的发酵功能，但最好能在室内找一个温暖的地方，并使用热水袋或保冷剂来调节温度进行发酵（P10）。在开始做面包前，请一定要掌握适合自家环境的温度管理方法。

本书使用的家电和工具

家用面包机、烤箱

家用面包机用于揉面，烤箱用于烘烤面包。由于本书需要灵活使用家用面包机的“揉面功能”，所以要避免使用全自动面包机。选用带有“面包面团制作程序”这一功能的面包机即可。在本书中，使用的面包机为松下Home Bakery SD-BH1000（容量500克），烤箱为东芝Ishigama Dome ER-JD510A。

热水袋、保冷剂

当无法保证面团制作过程中所需要的温度时，可以将热水袋或保冷剂放入烤箱中，调节合适的温度。热水袋要避免使用金属材料的，最好选用容量约为2升，硅胶、橡胶或聚氯乙烯材料的。保冷剂需要准备6 ~ 8个，大小与手掌大小差不多为宜。

食品储藏罐

食品储藏罐在首次发酵时用于存放面团。要根据面团的膨胀高度来判断发酵的程度，所以选择半透明塑料材质且高度较高的储藏罐最合适。本书中使用的储藏罐规格是16厘米×12厘米×11厘米。

模具、粗棉布、纸箱、重石

这些工具和材料在制作法式乡村面包、无花果腰果法式乡村面包和葡萄干核桃法式乡村面包时需要使用。法式乡村面包需要使用直径为20厘米的模具，而无花果腰果法式乡村面包需要使用直径为16厘米的模具。可以用麻布代替网眼很大的粗棉布。纸箱作为挡板使用，在烘烤法式乡村面包时，需要在烤箱里放置重石以产生蒸汽。

吐司模具、平底锅

吐司模具在制作山形面包和山形葡萄面包时使用，平底锅在制作法式乡村面包、无花果腰果法式乡村面包和葡萄干核桃法式乡村面包时使用。吐司模具规格为20厘米×9厘米×7厘米，平底锅直径为23厘米，使用时要覆上烘焙油纸。

擀面杖

擀面杖用于排走面包里的空气，所以需要准备一根表面凹凸不平的擀面杖。

目录

本书使用说明
1杯＝200毫升　1大匙＝15毫升　1小匙＝5毫升
热水一般指水温为98℃的水。
鸡蛋一般为中等大小。

最受欢迎的软面包

首先，让我们尝试制作所有人都会喜欢的软面包。美味又简约的软面包与蔬菜、香草、酱汁、奶油都很相配。当你熟悉了制作过程后，可以做一些调整，一定会为你的餐桌增添亮点。

CHIPPRUSON

豆浆面包

豆浆面包

豆浆面包是一种外表酥脆、内里柔软的面包，是一种让人忍不住吃了还想吃的面包。通过添加少量全脂豆浆让小麦的甘甜完全散发出来，面包经过咀嚼味道更加浓郁。这个配方由100%植物成分制成。

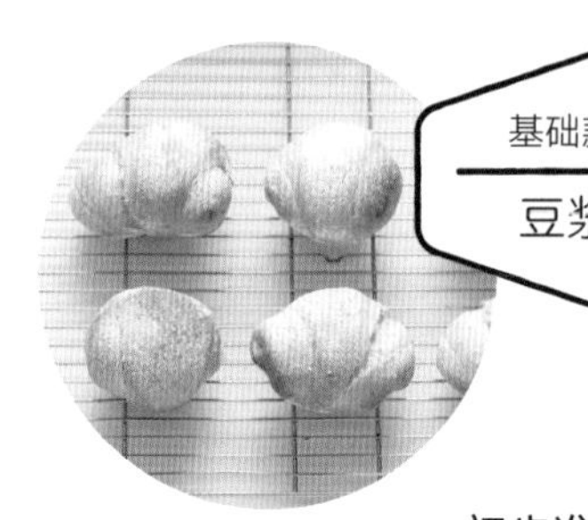

基础款面包①

豆浆面包

材料（6个）

A
- 发酵种（参考P80 ~ 83）……60克
- 全脂豆浆……20克
- 水……100克

香油10克

高筋面粉……170克 +适量（作为手粉、装饰粉使用）

蔗糖……10克

盐……4克

色拉油……适量（用于食品储藏罐）

初步准备

•将适量的色拉油倒入食品储藏罐中，并用厨房纸将其涂抹均匀。

揉面

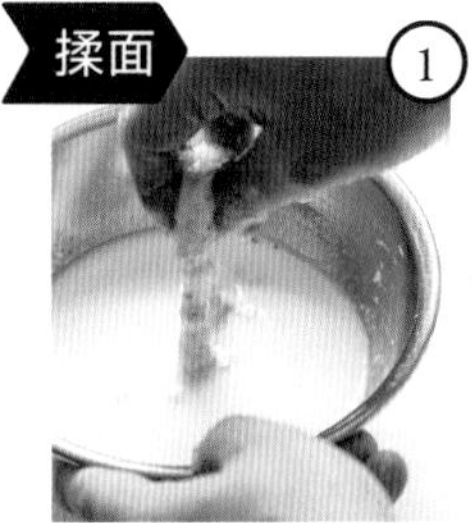

① 在开始揉面团之前，将A材料放入一个小碗中，用指尖轻揉酵母菌的菌块，使其充分与水混合均匀后松开。残留一些小块也没关系。

② 放入家用面包机的面包盒中，依次加入①材料、香油、高筋面粉、蔗糖和盐。按开始按钮，将面团揉13分钟。

③ 将面团从面包盒中轻轻取出，然后将其放至涂了色拉油的食品储藏罐中。

※ 用橡皮刮刀轻轻刮去面包盒、面包机搅拌叶片上残余的面，与面团揉在一起。

静置（酵母活化）→**冷藏**（首次发酵）

④ 盖上盖子，并将其置于25 ~ 30℃的环境中1 ~ 2小时（若无法确保温度，请参考下面的CHIP'S MEMO）。这一阶段，为了看到面团的膨胀高度，用胶带标记其位置。在盖子盖好的状态下将其放在冰箱里，冷藏一晚，这就是首次发酵（最少8小时，最多可在这种状态下保存36小时）。

CHIP'S MEMO 无法确保指定温度时

如果无法确保面团“静置”过程中指定的温度环境，请尝试通过在烤箱中放置热水袋或保冷剂来调节出合适的温度。如果烤箱很小，不能把热水袋或保冷剂与面团隔开放置，可以使用大型泡沫箱或冷藏箱，将这些东西放入其中。

不论使用哪一种方法，在开始制作面团前先试一次比较好，看看是否真能保持合适的温度。如果选择使用烤箱和热水袋的方法，热水袋和温度计需要分开放置，要观察烤箱内1小时的温度变化。根据观察结果调整热水袋中热水的量，并把握好更换热水的时间。

<如果想提高温度：烤箱+1个热水袋>

①将热水倒入热水袋中，之后倒掉（用于温热热水袋内部）。②用温度计测量，准备约60℃的热水，倒入热水袋中，拧好塞子。③将放着面团的食品储藏罐（或放有面团的板子）与热水袋一起放入电源关闭状态的烤箱中，关闭烤箱门，设定时间。④如果静置时间超过1小时，则在1小时后，取出热水袋，倒掉里面的热水，再将60℃左右热水倒入热水袋中，再次放入烤箱内（烤箱内的温度很容易变化，所以取放热水袋时速度要快）。

注：建议不要使用金属材质的热水袋，而是选择传热比较温和的硅胶、橡胶或聚氯乙烯材质的热水袋。热水袋容量约为2升（但需要检查尺寸是否适合您家的烤箱）。在某些情况下，可能需要两个内室体积较大的燃气烤箱。在灌热水时注意不要烫伤自己。

<如果想降低温度：烤箱+ 6 ~ 8个保冷剂>

①用冰箱冷冻6 ~ 8个保冷剂。②将3 ~ 4个保冷剂（最好是一个角落里放一个）和放着面团的食品储藏罐（或放置面团的板子）一起放入电源关闭状态的烤箱中，分开放置。关闭烤箱门，设定时间。③如果静置时间超过1小时，则在1小时后更换新的保冷剂（烤箱内的温度很容易变化，所以取放保冷剂时速度要快）。

注：保冷剂最好准备6 ~ 8个手掌大小的，这样可以轻松地通过增减保冷剂数量或交换次数来调节温度。最开始请尝试“3+3”这个组合，也就是3个正在使用3个备用，并以此作为参考，调整数量和交换时间来使温度控制在理想状态。

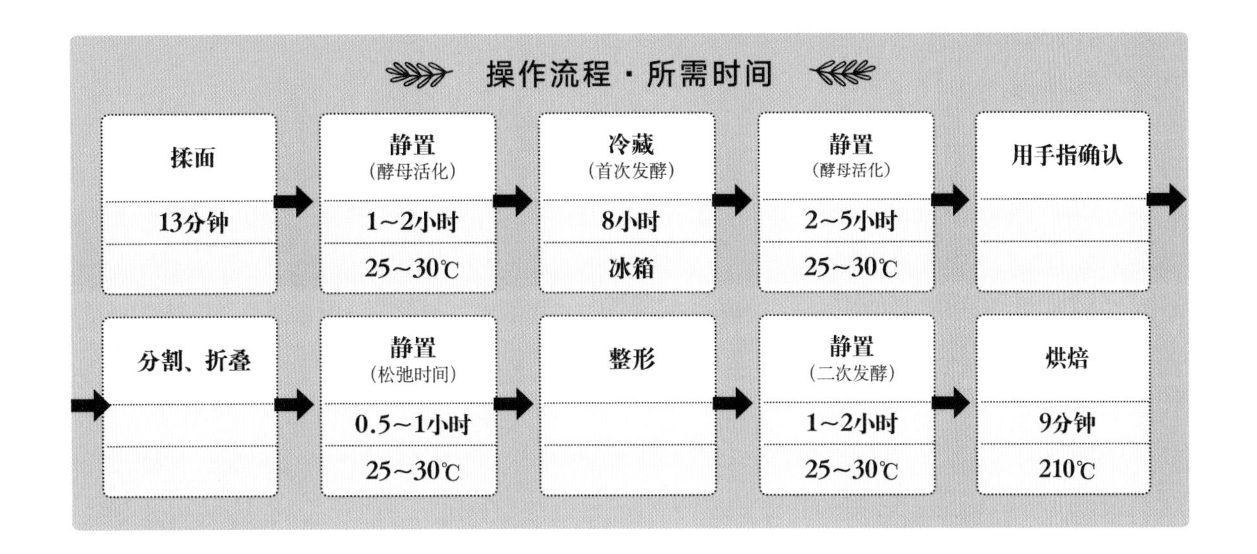

操作流程・所需时间

揉面	静置（酵母活化）	冷藏（首次发酵）	静置（酵母活化）	用手指确认
13分钟	1~2小时	8小时	2~5小时	
	25~30℃	冰箱	25~30℃	

分割、折叠	静置（松弛时间）	整形	静置（二次发酵）	烘焙
	0.5~1小时		1~2小时	9分钟
	25~30℃		25~30℃	210℃

静置（酵母活化）

⑤ 从冰箱中取出装有面团的食品储藏罐，并轻轻打开盖子，使空气进入容器，再放置在25～30℃的环境中2～5小时。参照步骤④的标记，直到面团膨胀到大约标记位置两倍高。

※ 在第二次静置时，需要提供氧气给酵母以促进其活化，因此不要密封容器。

用手指确认

⑥ 检查面团的发酵情况。用筛网将高筋面粉轻轻撒到面团表面，然后将食指垂直插入面团底部。当面团逐渐弹回且开孔封闭时就可以进行下一步了。

※ 请记住高筋面粉要撒在面团的正面。

分割、折叠

⑦ 用筛网在工作台上撒一层高筋面粉。将面团从食品储藏罐中倒出，然后任面团自由下落到工作台上。

※ 请避免没必要的触碰，否则可能会造成面团表面损伤（尤其是侧面）。

⑧ 将面团翻回正面，切成6等份（每份约60克）。

⑨ 参照P84，折叠切好的面团。将烘焙油纸铺在烤盘上，用筛网将高筋面粉撒在烘焙油纸上，然后将面团的收口朝下放置。

静置（松弛时间）

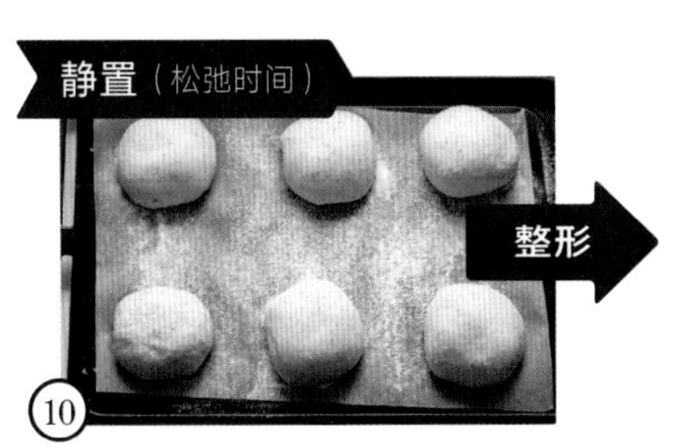

⑩ 在25～30℃的环境中放置0.5～1小时。

整形

11

将面团的正面朝上放在工作台上，然后用筛网轻轻撒上高筋面粉。

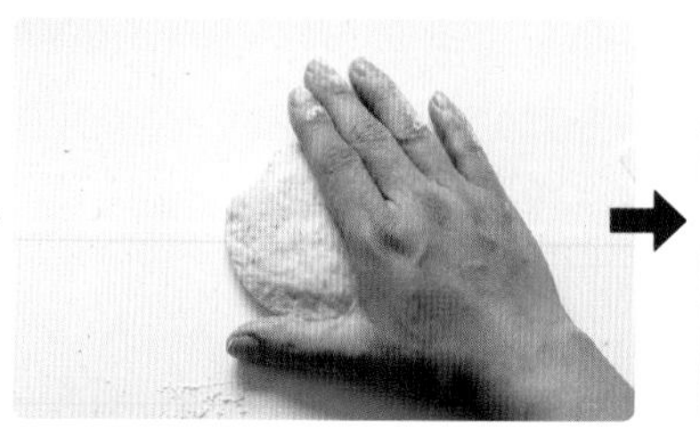

用手掌轻压面团周围，使其扩成原尺寸两倍大小的半球状，排出里面的空气。

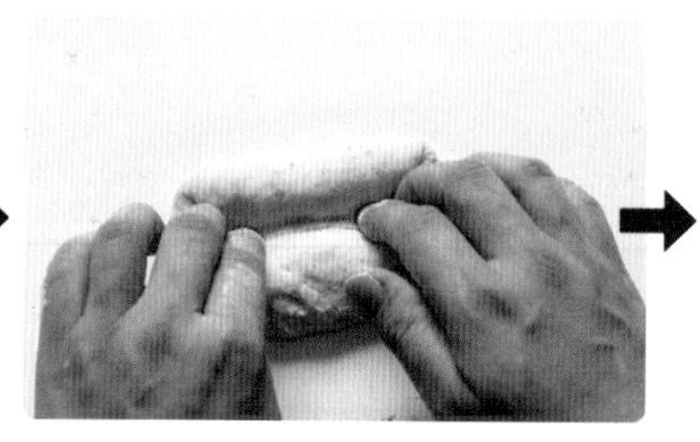

将面团翻过来，从顶部向下卷3圈，使其成为一个长而窄的条形。

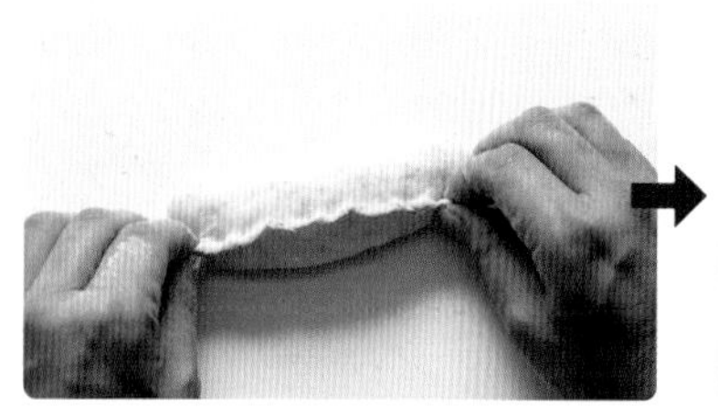

用手指捏合边缘。

用双手滚动面条，使右侧稍微尖一些。

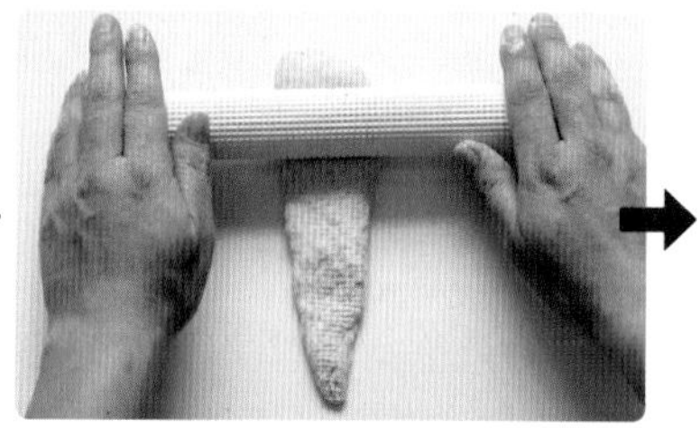

将收口朝上，尖的一侧垂直朝向自己，然后用擀面杖从靠近自己这侧向外擀，排出里面的空气并使其变平。

从外侧向内卷3圈。

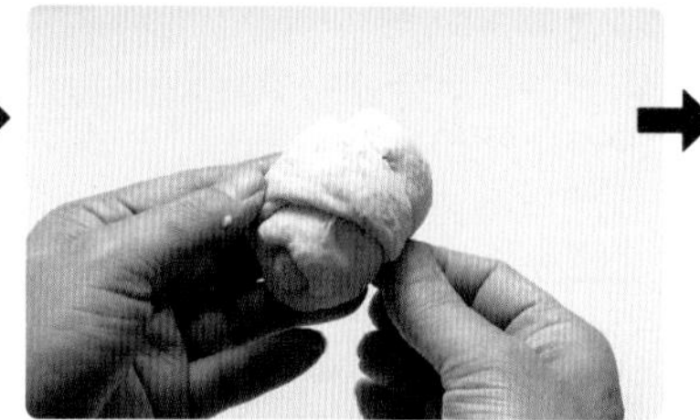

用手指捏合面卷的尖头。

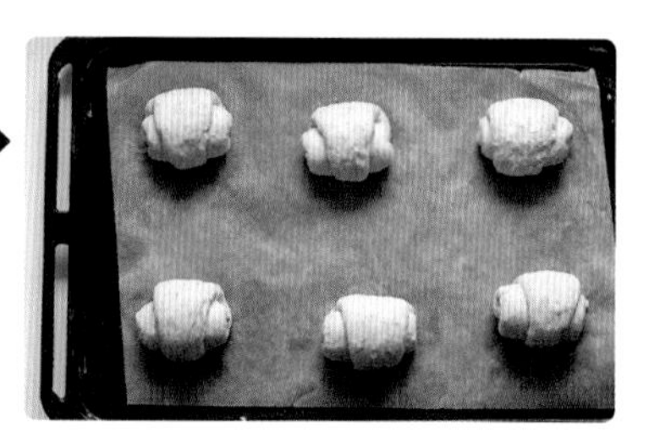

将烘焙油纸放在烤盘上，将面团收口朝下放置其上。

静置（二次发酵）

12

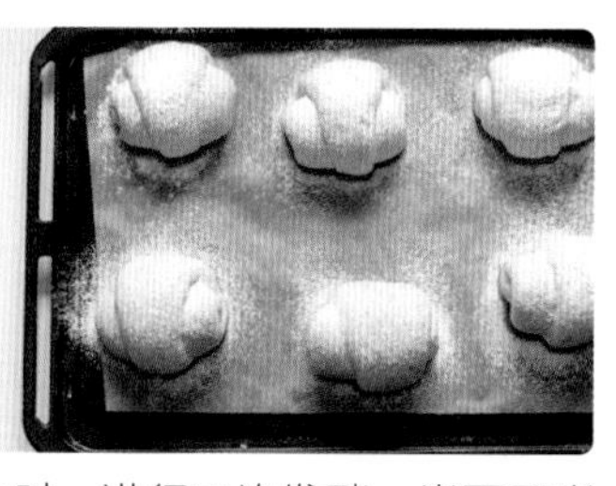

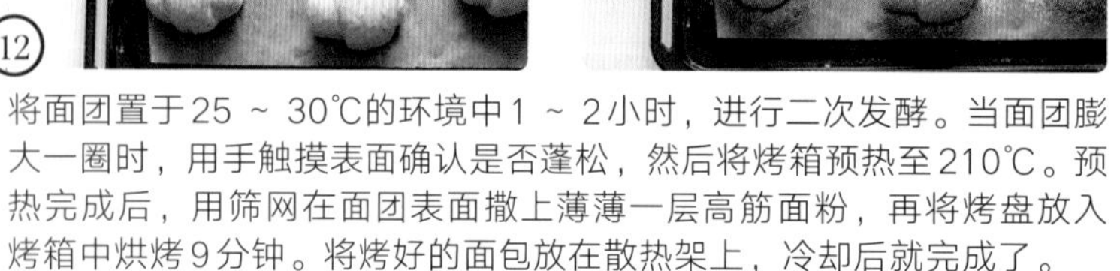

将面团置于25 ~ 30℃的环境中1 ~ 2小时，进行二次发酵。当面团膨大一圈时，用手触摸表面确认是否蓬松，然后将烤箱预热至210℃。预热完成后，用筛网在面团表面撒上薄薄一层高筋面粉，再将烤盘放入烤箱中烘烤9分钟。将烤好的面包放在散热架上，冷却后就完成了。

CHIP'S MEMO

制作时使用市场上常见的高筋面粉即可，不过用北香高筋面粉（一种日本国产小麦粉）替换高筋面粉，做出来的面包会更美味。此外，如果用北香高筋面粉130克+香麦牌面粉40克替代高筋面粉，做出来的面包更接近CHIPPRUSON的味道。

CHIPPRUSON

原味佛卡夏与柑橘佛卡夏

原味佛卡夏与柑橘佛卡夏

意大利风味面包，散发着橄榄油的青涩香气。实际上，只是将豆浆面包中的香油替换成橄榄油。它非常适合搭配意大利面和帕尼尼，并且易于整形。食用时可以撒上迷迭香和岩盐，或与柑橘果干混合，味道更加香甜清爽。柑橘果干可以从市场上购买，也可以按照P71的做法，请一定尝试手工制作柑橘果干喔！

基础款面包②

佛卡夏

原味佛卡夏

材料（6个）

A 发酵种（参考P80 ~ 83）……60克
  全脂豆浆……20克
  水……100克

橄榄油……15克＋适量（完成后使用）
高筋面粉……170克＋适量（作为手粉）
蔗糖……10克
盐……4克
迷迭香（干燥）……适量
色拉油……适量（用于食品储藏罐）

初步准备

• 将适量的色拉油倒入食品储藏罐中，并用厨房纸将其涂抹均匀。

揉面

① 在开始揉面团之前，将A材料放入一个小碗中，用指尖轻揉酵母菌的菌块，充分与水混合均匀后松开。残留一些小块也没关系。

② 向家用面包机的面包盒中，依次加入①材料、橄榄油、高筋面粉、蔗糖和盐。按开始按钮，将面团揉13分钟。

③ 将面团从面包盒中轻轻取出，然后放至涂了色拉油的食品储藏罐中。

※ 用橡皮刮刀轻轻刮去面包盒、面包机搅拌叶片上残余的面，与面团揉在一起。

静置（酵母活化）

④ 盖上食品储藏罐盖子并将其置于25 ~ 30℃的环境中1 ~ 2小时（如果无法确保指定的温度环境，请参考P10的CHIP'S MEMO）。这一阶段，为了看到面团的膨胀高度，用胶带标记其位置。

冷藏（首次发酵）

⑤ 将装着面团的食品储藏罐移至冰箱，静置一晚，这就是首次发酵（最少8小时，最多可以在这种状态下保存36小时）。

静置（酵母活化）

⑥ 从冰箱中取出装着面团的食品储藏罐，并轻轻打开盖子，使空气能够进入容器，再在25 ~ 30℃的环境中静置2 ~ 5小时。参照步骤④的标记，直到面团膨胀到标记两倍高的位置。

※ 在第二次静置时，需要提供氧气给酵母以促进其活化，因此不要密封容器。

用手指确认

⑦ 检查面团的发酵情况。用筛网将高筋面粉轻轻撒到面团表面，然后将食指垂直插入面团底部。当面团逐渐弹回并开孔封闭时就可以进行下一步了。

※ 请记住高筋面粉要撒在面包的正面。

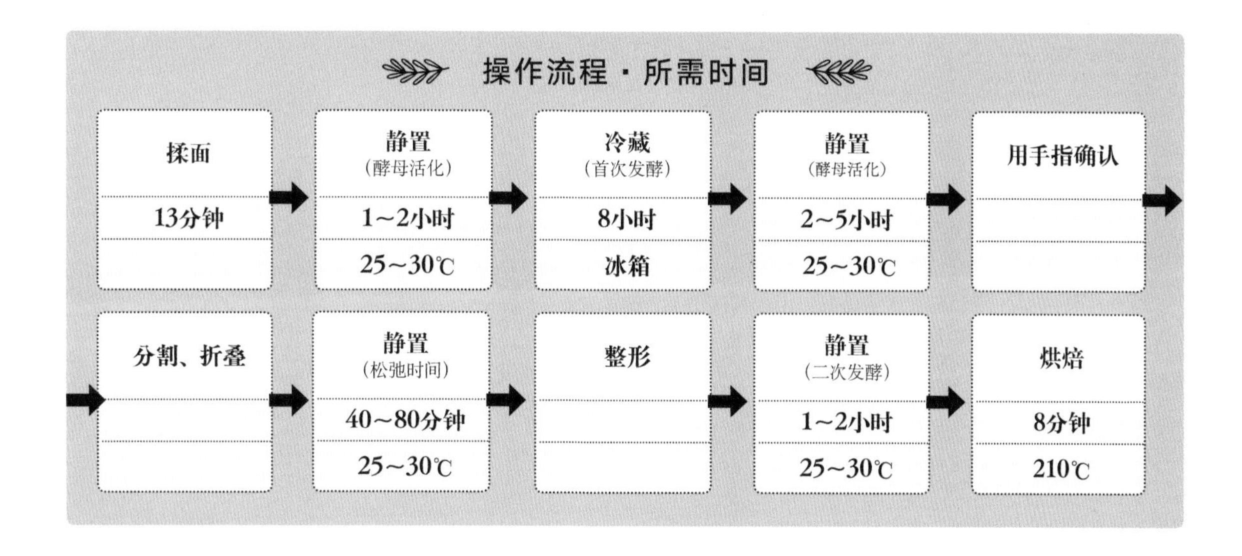

操作流程 · 所需时间

揉面	静置（酵母活化）	冷藏（首次发酵）	静置（酵母活化）	用手指确认
13分钟	1~2小时	8小时	2~5小时	
	25~30℃	冰箱	25~30℃	

分割、折叠	静置（松弛时间）	整形	静置（二次发酵）	烘焙
	40~80分钟		1~2小时	8分钟
	25~30℃		25~30℃	210℃

分割、折叠

⑧ 用筛网在工作台上撒一层高筋面粉。将面团从食品储藏罐中倒出，然后任面团自由下落到工作台上。

※ 请避免没必要的触碰，否则可能会造成面团表面损伤（尤其是侧面）。

⑨ 将面团翻回正面，切成6等份（每份约60克）。

⑩ 参照P84，折叠切好的面团。将烘焙油纸铺在烤盘上，用筛网将高筋面粉撒在烘焙纸上，然后将面团的收口朝下放置其上。

静置（松弛时间）

⑪ 在25 ~ 30℃的环境中放置40 ~ 80分钟。

整形

⑫ 将面团的正面朝上放在工作台上，然后用筛网轻轻撒上高筋面粉。用手掌轻压面团周围，使其扩成原尺寸两倍大小的半球状，排走里面的空气。将烘焙纸铺在烤盘上，将面团的半球形面向上放置。

静置（二次发酵）

⑬ 置于25 ~ 30℃的环境中1 ~ 2小时，进行二次发酵。当面团膨大一圈时，用手触摸面团表面确认是否蓬松。

烘焙

⑭ 将烤箱预热至210℃。预热完成后，用刷子在面团表面涂一层橄榄油（图b），再撒一层迷迭香和岩盐，用食指和中指开6个孔（图c，此过程中发酵还在继续，所以速度要快）。然后将烤盘放入烤箱中烘烤8分钟。将烤好的面包放在散热架上，冷却后就完成了。

b

c

柑橘佛卡夏

材料（6个）

A
- 发酵种（参考P80 ~ 83）……60克
- 全脂豆浆……20克
- 水……100克

橄榄油……15克＋适量（完成时使用）
高筋面粉……170克＋适量（作为手粉）
蔗糖……10克
盐……4克
橘皮（手工制作参考P71）40克
岩盐……适量
色拉油……适量（用于食品储藏罐）

初步准备

- 将适量的色拉油倒入食品储藏罐中，并用厨房纸将其涂抹开。
- 将橘皮切成葡萄干大小。

① 在开始揉面团之前，将A材料放入一个小碗中，用指尖轻揉酵母菌的菌块，充分与水混合均匀后松开。残留一些小块也没关系。

② 放入家用面包机的面包盒中，依次加入①材料、橄榄油、高筋面粉、蔗糖和盐。按开始按钮，将面团揉13分钟。

③ 将面团从面包盒中轻轻取出，不用撒高筋面粉，直接放在工作台上。将所有切好的橘皮全部放在面团上，将面团垂直切成两半，重叠放好，旋转90°再次切成两半。重复1 ~ 2次，直到橘皮与整个面团混合到一起。将面团转移到涂油的食品储藏罐中。

④ 参考P14 ~ 15步骤④ ~ ⑬进行操作（分割后单个重量为69克）。

⑤ 将烤箱预热至210℃。预热完成后，用刷子将橄榄油涂抹在面团的整个表面，并涂上岩盐，然后参照P15的第⑭步，开6个孔（因为在发酵过程中，所以操作速度要快）。将烤盘放入烤箱中烘烤8分钟。将烤好的面包放在散热架上，冷却后就完成了。

CHIP'S MEMO

如果用北香高筋面粉或北香高筋面粉130克＋香麦牌面粉40克代替高筋面粉，面包的风味和糯感会更好。市面上卖的橘皮成品含有防腐剂和甜味剂，因此推荐使用自制的橘皮。

❶

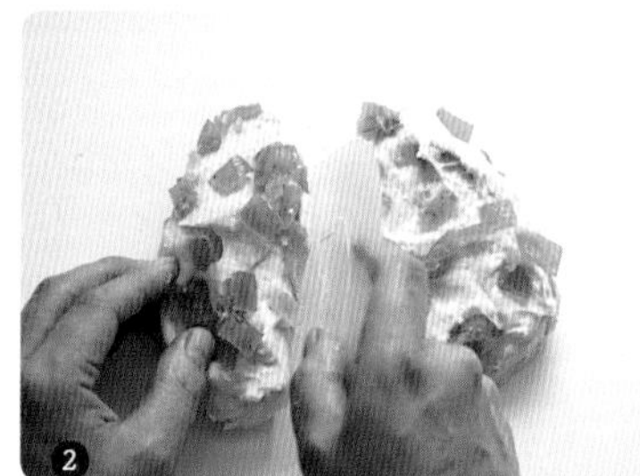

❷

❸

❹

※ 用橡皮刮刀轻轻刮去面包盒上、面包机搅拌叶片上残余的面，与面团揉在一起。混合橘皮与面团时，工作台上不要撒高筋面粉。

CHIPPRUSON

蔬菜马赛克面包

蔬菜马赛克面包

基础款面包②

佛卡夏

我十几岁时，曾在西班牙学习过马赛克画，这个面包就是从中找到的灵感。你只需排列好蔬菜，就可以完成一个鲜艳夺目的作品。切割时也会很有趣，是派对的理想选择。带着一颗童心，和孩子一起制作会更有趣。

材料（6个）

A
- 发酵种（参考P80 ~ 83）……100克
- 全脂豆浆……25克
- 水……110克

橄榄油……18克＋适量（完成时使用）
全麦粉（高筋面粉型）……60克
高筋面粉……140克＋适量（作为手粉）
蔗糖……10克
盐……5克
切碎的奶酪……110克
当季蔬菜……适量（马铃薯、胡萝卜、茄子、青椒、秋葵、南瓜等4 ~ 5种）
喜欢的香料和香叶……适量（辣椒粉、茴香籽、印度混合香料、牛至叶、百里香等）
岩盐……适量
黑胡椒（粗粒）……适量
色拉油……适量（用于食品储藏罐）

初步准备

- 将适量的色拉油倒入食品储藏罐中，并用厨房纸将其涂抹开。
- 将全麦粉60克和高筋面粉140克加入碗中，用搅拌器轻轻搅拌。
- 将每种蔬菜用水洗净，擦掉残留水分，然后将其切成7 ~ 8毫米的薄片或所需的形状。

揉面

① 在开始揉面前，将A材料放入一个小碗中，用指尖轻揉酵母菌的菌块，充分与水混合均匀后松开。残留一些小块也没关系。

② 放入家用面包机的面包盒中，依次加入①材料、橄榄油、混合好的全麦粉和高筋面粉、蔗糖和盐。按开始按钮，将面团揉13分钟。

③ 将面团从面包盒中轻轻取出，然后将其转移到涂了色拉油的食品储藏罐中。

※ 用橡皮刮刀轻轻刮去面包盒、面包机搅拌叶片上残余的面，与面团揉在一起。

静置（酵母活化）

④ 盖上食品储藏罐并将其置于25 ~ 30℃的环境中1 ~ 2小时（如果无法确保指定的温度环境，请参考P10的CHIP'S MEMO）。这一阶段，为了看到面团的膨胀高度，用胶带标记其位置。

冷藏（首次发酵）

⑤ 将装着面团的食品储藏罐盖好盖子，并移至冰箱里，静置一晚，这是首次发酵（最少8小时，最多可以在这种状态下保存36小时）。

静置（酵母活化）

⑥ 从冰箱中取出装着面团的食品储藏罐，并轻轻打开盖子，使空气能够进入容器，在25 ~ 30℃的环境中静置2 ~ 5小时。参照步骤④的标记，直到面团膨胀到标记两倍高的位置。

※ 在第二次静置时，需要提供氧气给酵母以促进其活化，因此不要密封容器。

用手指确认

⑦ 检查面团的发酵情况。用筛网将高筋面粉轻轻撒到面团表面，然后将食指垂直插入面团底部。当面团逐渐回弹并且开孔封闭时就可以进行下一步了。

※ 请记住高筋面粉要撒在面包的正面。

整形

⑧ 使用筛网在工作台上撒一层高筋面粉。将面团从食品储藏罐中倒出，然后任面团自由下落到工作台上。

※ 请避免没必要的触碰，否则可能会造成面包表面损伤（尤其是侧面）。

⑨ 用手将强力面粉涂在擀面杖上，并拉伸面团。用擀面杖擀3 ~ 4次后，最终达到A4尺寸。

※ 如果面团难以拉伸，请不要勉强，休息约10分钟后再进行。

⑩ 将烘焙纸铺在烤盘上，再将擀好的面饼朝上放在烤盘上，然后用手指将面饼拉伸至烤盘大小。

静置（二次发酵）

⑪ 置于25 ~ 30℃的环境中40 ~ 60分钟，进行二次发酵。当面团膨大一圈时，用手触摸面团表面确认是否蓬松。

完成

⑫ 用叉子在整个面团表面打洞（图a）。将碎奶酪均匀撒到面片上，面片边缘也要撒上（图b）。将切好的蔬菜按喜欢的样子放上去，绘出一副马赛克画，每次都要稍微用力将蔬菜按到面团里面去（图c）。然后，在整个面片表面涂上橄榄油，可以用筛网在想要的地方添加香料或香叶（图d）。最后，撒上盐和黑胡椒。

※ 诀窍是首先安排大块的蔬菜，然后用小块的蔬菜填充背景，不留任何空隙。

a

b

c

d

烘焙

⑫ 将烤箱预热至220℃。预热完成后，将烤盘放入烤箱烘烤45分钟。将烤好的面包放在散热架上，冷却后就完成了。

焗烤面包

基础款面包②

佛卡夏

试着用CHIPPRUSON的风格来制作大家都喜欢的焗烤面包。用腰果增加风味，用甘薯增加豆浆酱的甜度，吃起来并不像纯植物食材做出的口感。看着奶酪在烤箱中一点点融化，不禁让人食欲大增。

材料（6个）

豆浆酱

香油……30克

低筋面粉……18克

腰果……15克

全脂豆浆……200克

盐……5克＋2小撮

洋葱……50克

蘑菇……40克

甘薯……100克

白葡萄酒……50克

水……150克

月桂叶……1片

肉豆蔻……少许

白胡椒……适量

面团

A 发酵种（参考P80～83）……60克

全脂豆浆……20克

水……100克

橄榄油……15克

高筋面粉……170克＋适量（作为手粉、装饰粉）

蔗糖……10克

盐……4克

切碎的奶酪……108克

色拉油……适量（用于食品储藏罐）

初步准备

- 将适量的色拉油倒入食品储藏罐中，并用厨房纸将其涂抹开。
- 将甘薯洗净，擦净多余水分，切成大块。放入装满水的碗中，放置约5分钟，放在粗棉布上控掉水分。
- 将去皮洋葱切成薄片。
- 用手弄松蘑菇，使其约等于甘薯和洋葱的大小。
- 将腰果放入搅拌机中，将其打碎。
- 将豆浆放入耐热容器中，用微波炉将其加热至人体温度（36～37℃）。

制作豆浆酱

① 将15克香油倒入平底锅中，用文火加热。油温升高后加入低筋面粉，用木铲小心搅拌3分钟。

② 低筋面粉通过加热散发出香味，然后加入粉末状腰果，并用木铲搅拌。

③ 当颜色发生变化后，将温热的豆浆分5～6次加入，每次都用木铲充分搅匀。搅拌要缓慢，但也不要让手不停地搅拌，适当休息一下。当出现光泽后，加入5克盐，然后从火上取下来。

④ 再将剩余的15克香油倒入平底锅中，用中火加热。当平底锅温热时，加入切碎的洋葱、香菇，用木铲翻炒直到炒软。然后再加入切碎的甘薯，大致搅拌一下。

⑤ 加入白葡萄酒、水、月桂叶、肉豆蔻和白胡椒，盖上盖子烹煮，直到甘薯煮熟，用竹签可以穿透为止。加入③材料和两撮盐搅拌（加入盐的多少可以根据个人喜好而定）。味道调好后从火上取下平底锅。

面团制作

揉面

⑥ 在开始揉面团之前，将A材料放入一个小碗中，用指尖轻揉酵母菌的菌块，充分与水混合均匀后松开。残留一些小块也没关系。

⑦ 放入家用面包机的面包盒中，依次加入⑥材料、橄榄油、高筋面粉、蔗糖和盐。按开始按钮，将面团揉13分钟。

⑧ 将面团从面包盒中轻轻取出，然后将其放至涂了色拉油的食品储藏罐中。

※ 用橡皮刮刀轻轻刮去面包盒、面包机搅拌叶片上残余的面，与面团揉在一起。

静置（酵母活化）

⑨ 盖上食品储藏罐并将其置于25 ~ 30℃的环境中1 ~ 2小时（如果无法确保指定的温度环境，请参考P10的CHIP'S MEMO）。这一阶段，为了看到面团的膨胀高度，用胶带标记其位置。

冷藏（首次发酵）

⑩ 将装着面团的食品储藏罐盖好盖子，并移至冰箱里，静置一晚，这就是首次发酵（最少8小时，最多可以在这种状态下保存36小时）。

静置（酵母活化）

⑪ 从冰箱中取出放着面团的食品储藏罐，并轻轻打开盖子，使空气能够进入容器，再在25 ~ 30℃的环境中静置2 ~ 5小时。参照步骤⑨的标记，直到面团膨胀到标记两倍高位置。

※ 在第二次静置时，需要提供氧气给酵母以促进其活化，因此不要密封容器。

用手指确认

⑫ 检查面团的发酵情况。用筛网将高筋面粉轻轻撒到面团表面，然后将食指垂直插入面团底部。当面团逐渐回弹并且开孔封闭时就可以进行下一步了。

※ 请记住高筋面粉要撒在面包的正面。

分割、折叠

⑬ 使用筛网在工作台上撒一层高筋面粉。将面团从食品储藏罐中倒出，然后任面团自由下落到工作台上。

※ 请避免没必要的触碰，否则可能会造成面包表面损伤（尤其是侧面）。

⑭ 将面团翻回正面，切成6等份（每份约60g）。

⑮ 参照P84，折叠切好的面团。将烘焙纸放在烤盘上，用筛网将高筋面粉撒在烘焙纸上，然后将面团的收口朝下放置其上。

静置（松弛时间）

⑯ 置于25 ~ 30℃的环境中30 ~ 60分钟。

⑰ 将面团放在工作台上，用筛网在面团表面轻轻弹上高筋面粉。用手掌轻轻按压面团的周围，将空气排出，使其变成约两倍大小半球形面团。将面团翻转过来，用手指捏住边缘，向内折1 厘米，然后重复这个动作，在面团周围做出一个边。把烘焙纸放在烤盘上，把面团放在烘焙油纸上（图a）。

静置（二次发酵）

⑱ 置于25 ~ 30℃的环境中1 ~ 1.5小时，使其进行二次发酵。当面团膨大一圈时，用手触摸面团表面确认是否蓬松（图b）。

a

b

烘焙

⑲ 将烤箱预热至230℃。同时将⑤放在面团中央（图c），每个2 ~ 3匙豆浆酱。再在上面撒上大量碎奶酪，用手按压一下，注意不要溢出（图d）。烤箱预热完成后，将烤盘放入烤箱烘烤14分钟。将烤好的面包放在散热架上，冷却后就完成了。

c

d

基础款面包②

佛卡夏

自制番茄酱比萨

用佛卡夏面团来烤糯感十足的比萨。将时令蔬菜放在多汁的番茄酱里十分美味。蔬菜要大胆切大块，这样才会更美味。自制番茄酱的做法会在P68介绍，请一定试试看。

材料（6个）

A
- 发酵种（参考P80 ~ 83）……60克
- 全脂豆浆……20克
- 水……100克

橄榄油……15克 + 适量（完成后使用）

高筋面粉……170克 + 适量（作为手粉）

蔗糖……10克

盐……4克

自家制番茄酱（参考P68）……6大匙

切碎的奶酪……90克

时令蔬菜……适量（茄子、马铃薯、万愿寺甜辣椒、秋葵、洋葱等）

奶酪粉……适量

岩盐……适量

色拉油……适量（用于食品储藏罐）

初步准备

- 将适量的色拉油倒入食品储藏罐中，并用厨房纸将其涂抹开。
- 将每种蔬菜用水洗净，擦净残留的水分，然后用刀将其切成大块。

揉面

① 在开始揉面前，将A材料放入一个小碗中，用指尖轻揉酵母菌的菌块，充分与水混合均匀后松开。残留一些小块也没关系。

② 放入家用面包机的面包盒中，依次加入①材料、橄榄油、高筋面粉、蔗糖和盐。按开始按钮，将面团揉13分钟。

③ 将面团从面包盒中轻轻取出，然后将其转移到涂了色拉油的食品储藏罐中。

※ 用橡皮刮刀轻轻刮去面包盒、面包机搅拌叶片上残余的面，与面团揉在一起。

静置（酵母活化）

④ 盖上食品储藏罐并将其置于25 ~ 30℃的环境中1 ~ 2小时（如果无法确保指定的温度环境，请参考P10的CHIP'S MEMO）。这一阶段，为了看到面团的膨胀高度，用胶带标记其位置。

冷藏（首次发酵）

⑤ 将装着面团的食品储藏罐盖好盖子，并移至冰箱里，静置一晚，这就是首次发酵（最少8小时，最多可以在这种状态下保存36小时）。

静置（酵母活化）

⑥ 从冰箱中取出食品储藏罐，并轻轻打开盖子，使空气能够进入容器，再在25 ~ 30℃的环境中静置2 ~ 5小时。参照步骤④的标记，直到面团膨胀到标记两倍高的位置。

※ 在第二次静置时，需要提供氧气给酵母以促进其活化，因此不要密封容器。

用手指确认

⑦ 检查面团的发酵情况。用筛网将高筋面粉轻轻撒到面团表面，然后将食指垂直插入面团底部。当面团逐渐弹回且开孔封闭时就可以进行下一步了。

※ 请记住高筋面粉要撒在面包的正面。

分割、折叠

⑧ 使用筛网在工作台上撒一层高筋面粉。将面团从食品储藏罐中倒出，然后任面团自由下落到工作台上。

※ 请避免没必要的触碰，否则可能会造成面包表面损伤（尤其是侧面）。

⑨ 将面团翻回正面，切成6等份（每份约60克）。

⑩ 参照P84，折叠切好的面团。将烘焙纸放在烤盘上，用筛网将高筋面粉撒在烘焙纸上，然后将面团的收口朝下放置其上。

静置（松弛时间）

⑪ 置于25 ~ 30℃的环境中0.5 ~ 1小时。

整形

⑫ 将面团放在工作台上，用筛网在面团表面轻轻撒上高筋面粉。用手掌轻轻按压面团的周围，将空气排出，使其变成约两倍大小的半球形面团。把烘焙纸放在烤盘上，把面团放在烘焙纸上。

静置（二次发酵）

⑬ 置于25 ~ 30℃的环境中1 ~ 1.5小时，使其进行二次发酵。当面团大一圈时，用手触摸面团表面确认是否蓬松。

完成

⑭ 用叉子在面团表面打几个孔，用茶匙将番茄酱涂抹到每个面团中心（不要在面团边缘涂番茄酱，烘焙时会烧焦，所以边缘留白）。将碎奶酪撒满整个面团包括边缘（图a），将切好的蔬菜放在其上，用手从上面压平面团（图b）。将橄榄油来回淋在面团上，然后撒上奶酪粉和岩盐。

a

b

烘焙

⑲ 将烤箱预热至230℃。烤箱预热完成后，将烤盘放入烤箱烘烤14分钟。将烤好的面包放在散热架上，冷却后就完成了。

叶子面包

法国南部普罗旺斯地区的传统面包，很有嚼劲。将新鲜罗勒完全混入面包中，每次咀嚼时都会感受到其散发的清爽香味。在面包上画出叶脉图案，也十分赏心悦目。

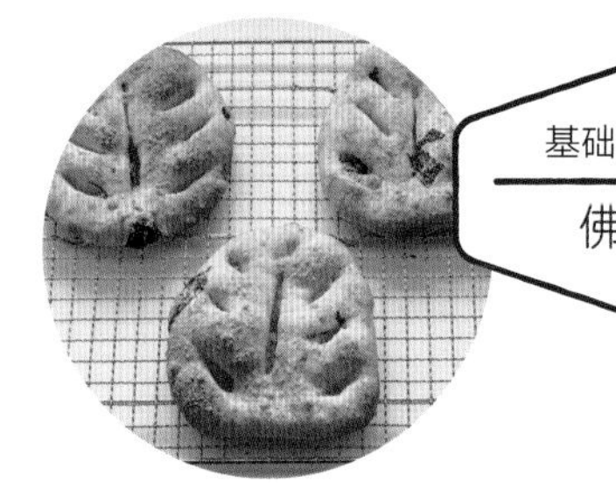

基础款面包②

佛卡夏

材料（4个）烤盘2个

A
- 发酵种（参考P80 ~ 83）……60克
- 全脂豆浆……20克
- 水……100克

橄榄油……15克＋适量（完成后使用）
高筋面粉……170克＋适量（作为手粉）
蔗糖……10克
盐……4克
新鲜罗勒……8克（也可用2 ~ 3片菠菜叶代替）
奶酪粉……适量
色拉油……适量（用于食品储藏罐）

初步准备

- 将适量的色拉油倒入食品储藏罐中，并用厨房纸将其涂抹开。
- 彻底洗净罗勒后，擦干水分（用菠菜替代时，洗净擦干后，用手撕成大段）。

揉面

① 在开始揉面前，将A材料放入一个小碗中，用指尖轻揉酵母菌的菌块，充分与水混合均匀后松开。残留一些小块也没关系。

② 放入家用面包机的面包盒中，依次加入①材料、橄榄油、高筋面粉、蔗糖和盐。按开始按钮，将面团揉13分钟。

③ 将面团从面包盒中轻轻取出，不要在工作台上撒高筋面粉，将面团倒在工作台上。将面团从中间切成两半，然后重叠。将面团旋转90°，再次切成两半重叠。重复1 ~ 2次，直到罗勒的叶子充分混入整个面团。然后将面团转移到涂了色拉油的食品储藏罐中。

※ 用橡皮刮刀轻轻刮去面包盒、面包机搅拌叶片上残余的面，与面团揉在一起。在工作台上混合操作时，不要使用手粉。

静置（酵母活化）

④ 盖上食品储藏罐并将其置于25 ~ 30℃的环境中1 ~ 2小时（如果无法确保指定的温度环境，请参考P10的CHIP'S MEMO）。这一阶段，为了看到面团的膨胀高度，用胶带标记其位置。

冷藏（首次发酵）

⑤ 将装着面团的食品储藏罐盖好盖子，并移至冰箱里，静置一晚，这就是首次发酵（最少8小时，最多可以在这种状态下保存36小时）。

静置（酵母活化）

⑥ 从冰箱中取出装着面团的食品储藏罐，并轻轻打开盖子，使空气能够进入容器，再在25 ~ 30℃的环境中静置2 ~ 5小时。参照步骤④的标记，直到面团膨胀到标记两倍高的位置。

※ 在第二次静置时，需要提供氧气给酵母以促进其活化，因此不要密封容器。

用手指确认

⑦ 检查面团的发酵情况。用筛网将高筋面粉轻轻撒到面团表面，然后将食指垂直插入面团底部。当面团逐渐回弹并且开孔封闭时就可以进行下一步了。

※ 请记住高筋面粉要撒在面包的正面。

分割、折叠

⑧ 使用筛网在工作台上撒一层高筋面粉。将面团从食品储藏罐中倒出，然后任面团按自身下落速度掉到工作台上。

※ 请避免没必要的触碰，否则可能会造成面包表面损伤。

⑨ 将面团翻回正面，切成4等份（每份约90克）。

⑩ 参照P84，折叠切好的面团。将烘焙纸放在烤盘上，用筛网将高筋面粉撒在烘焙纸上，然后将面团的收口朝下放置其上。

静置（松弛时间）

⑪ 置于25 ~ 30℃的环境中0.5 ~ 1小时。

整形

⑫ 用筛网在工作台上表面轻轻撒上高筋面粉，将面团表面朝上放好。用筛网在面团表面轻轻撒上高筋面粉。用手掌轻轻按压面团的周围，将空气排出，使其变成约两倍大小的半球形面团。

⑬ 用手将面粉涂在擀面杖上，将面团拉成7 ~ 8毫米厚的椭圆形。擀面杖在面团上旋转1 ~ 2圈，将面团翻过来再次用擀面杖旋转1 ~ 2圈，再翻回表面。使用面包割纹刀在圆形表面（图a）雕刻出叶脉图案，用手轻轻分开切口（图b）。在2个烤盘上分别铺上烘焙纸，将面团切口朝上放在上面，每个烤盘放2个面团。

静置（二次发酵）

⑭ 置于25 ~ 30℃的环境中40 ~ 80分钟，使其进行二次发酵。当面团大一圈时，用手触摸面团表面确认是否蓬松（图c）。

烘焙

⑮ 烤箱预热至230℃。烤箱预热完成后，用刷子在面团表面涂上充足的橄榄油，再撒满奶酪粉（图d）。将烤盘放入烤箱烘烤13分钟（如果喜欢焦一些可以根据喜好延长到15分钟）。将烤好的面包放在散热架上，冷却后就完成了。

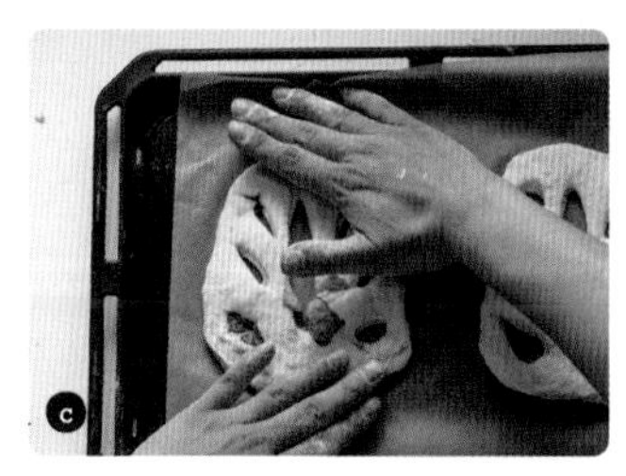

CHIPPRUSON

山形面包

基础款面包③

山形面包

山形面包

喜欢做面包的人都会渴望做一次山形面包。山形面包可以发挥天然酵母的优势，味道浓郁，口感纯正。如果搭配美味的黄油和果酱，那就更完美了，是可以让爱睡懒觉的人都会惦记着早起的美味。

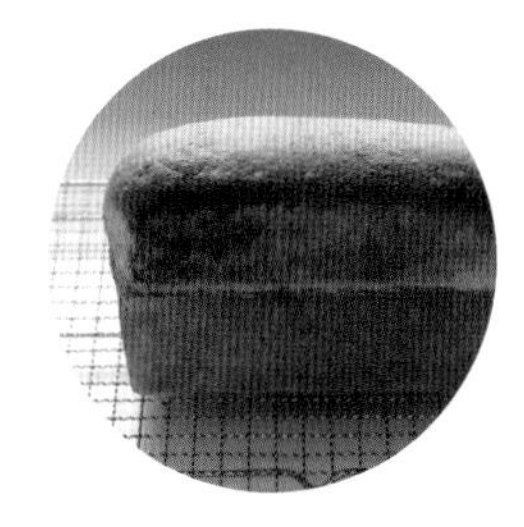

材料

A
- 发酵种（参考P80 ~ 83）……80克
- 牛奶……90克
- 水……110克
- 蜂蜜……5克

高筋面粉……240克＋适量（作为手粉）
蔗糖……10克
盐……5.5克
无盐黄油……15克
色拉油……适量（用于模具和食品储藏罐）

初步准备

- 将适量的色拉油倒入模具中，并用厨房纸将其涂抹开。
- 将适量的色拉油倒入食品储藏罐中，并用厨房纸将其涂抹开。
- 将黄油切成1厘米左右的小方块，放入冰箱中冷藏。

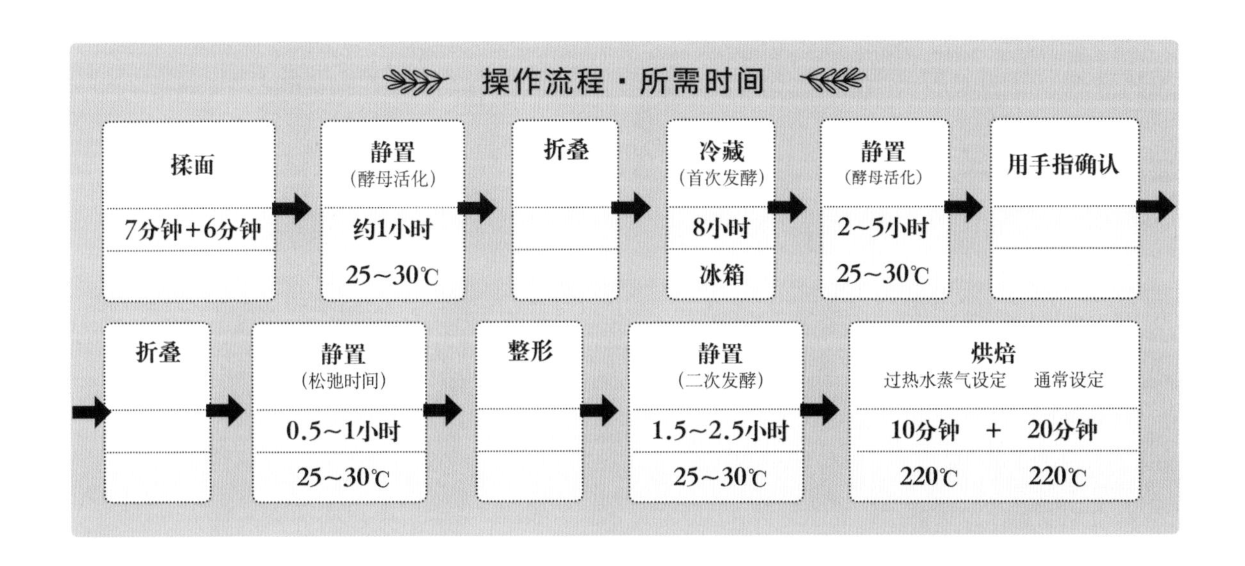

揉面

①在开始揉面前，将A材料放入一个小碗中，用指尖轻揉酵母菌的菌块，充分与水混合均匀后松开。残留一些小块也没关系。

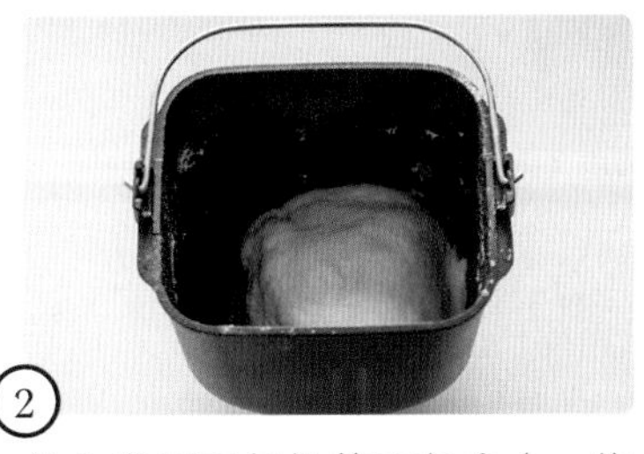

②放入家用面包机的面包盒中，依次加入①材料、高筋面粉、蔗糖和盐。按开始按钮，将面团揉7分钟。然后停止，将冷却的骰子状黄油放入，再揉6分钟。

静置（酵母活化）

③将面团从面包盒中轻轻取出，将其转至涂了色拉油的食品储藏罐中。盖上盖子在25 ~ 30℃的环境下放置1小时（如果无法确保指定的温度环境，请参考P10的CHIP'S MEMO）

※ 用橡皮刮刀轻轻刮去面包盒、面包机搅拌叶片上残余的面，与面团揉在一起。

折叠→冷藏（首次发酵）→静置（酵母活化）

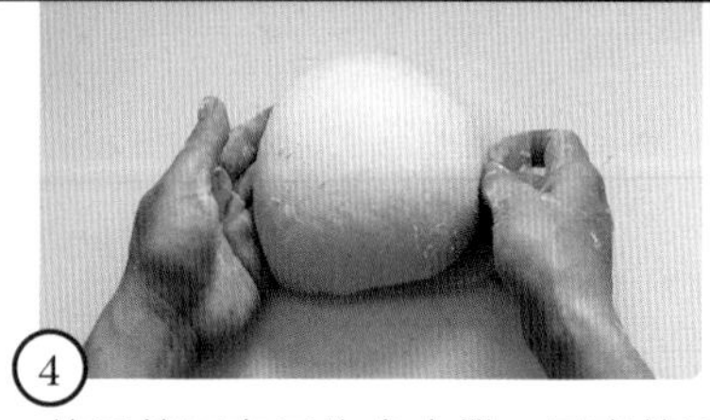

④ 使用筛网在工作台上撒一层高筋面粉，将面团从食品储藏罐中倒出，然后任面团自由下落到工作台上。参考P85的折叠方法，将面团收口朝下，再放入食品储藏罐中。这一阶段，为了看到面团的高度，用胶带标记其位置。在盖子盖好的状态下将其移至冰箱里，静置一晚，这就是首次发酵（最少8小时，最多可以在这种状态下保存36小时）。
从冰箱中取出，并轻轻打开盖子，使空气能够进入容器，再在25 ~ 30℃的环境中静置2 ~ 5小时。参照标记，直到面团膨胀到标记三倍高是位置。

※ 请避免没必要的触碰，否则可能会造成面包表面损伤（尤其是侧面）。在第二次静置时，需要提供氧气给酵母以促进其活化，因此不要密封容器。

用手指确认

⑤ 检查面团的发酵情况。用筛网将高筋面粉轻轻撒到面团表面，然后将食指垂直插入面团底部。当面团逐渐回弹并且开孔封闭时就可以进行下一步了。

※ 请记住高筋面粉要撒在面包的正面。

折叠

⑥ 使用筛网在工作台上撒一层高筋面粉。将面团从食品储藏罐中倒出，然后任面团自由下落到工作台上。参考P85再折叠面团。

静置（松弛时间）

⑦ 将烘焙油纸铺在烤盘上，用筛网在其上撒一层高筋面粉，面团收口朝下置于25 ~ 30℃的环境中0.5 ~ 1小时。

⑧ 等面团膨大一圈后，从烤盘上取下进行下一步操作。

整形

⑨ 将面团放在工作台上，在面团表面轻轻用筛网撒一层高筋面粉。用擀面杖轻轻擀，使面团中的大气泡（气体）分散。均匀拉伸面团到其原来厚度的一半程度。

⑩ 在工作台上用刮刀辅助，将面团轻轻翻过来。

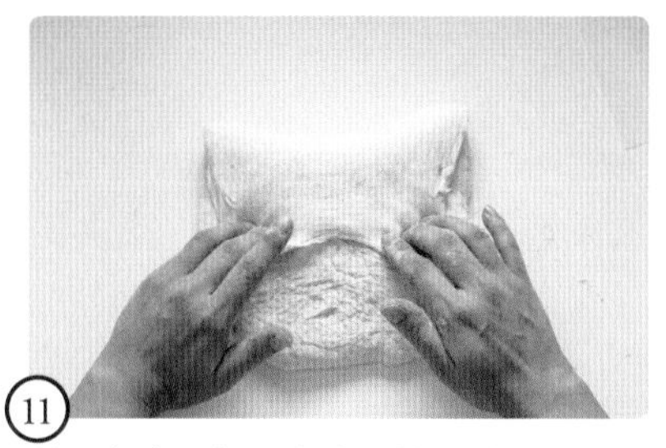

⑪ 从顶部向下折，大约到其三分之一处，将边缘捏合。

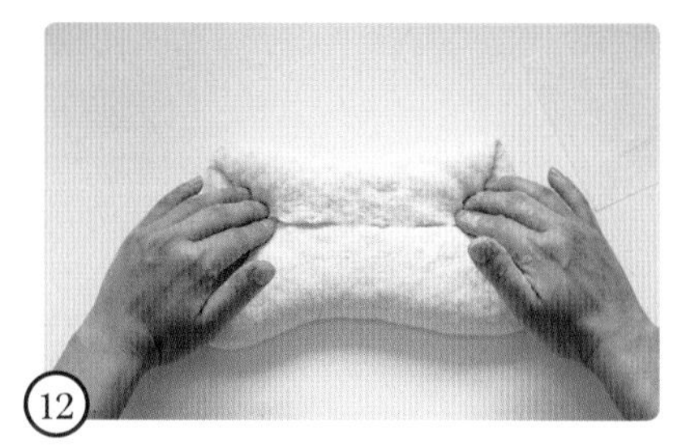

⑫ 将面团旋转180°，再次从顶部向下折，大约到其三分之一处，将边缘捏合。（不要和第⑪步的边缘重合）。

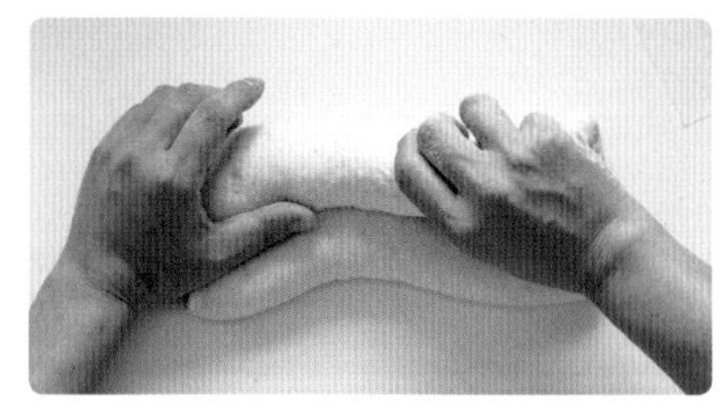

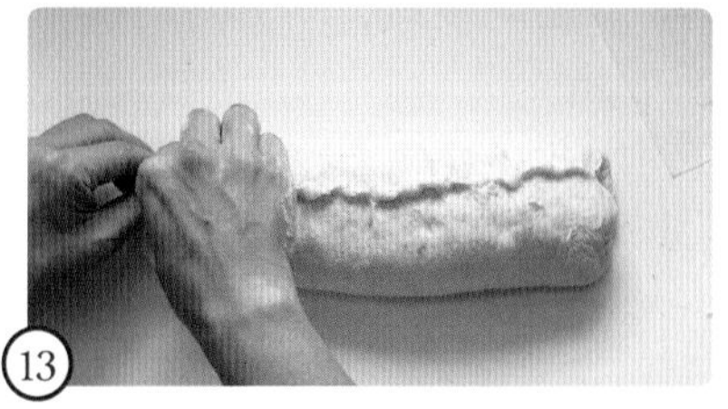

⑬ 收口朝内，将面团卷成棒状，并将边缘捏合。

⑭ 将收口朝下放置，用手整理面团的形状。放入涂了色拉油的模具中，再放在烤盘上。

静置（二次发酵）→烘焙

⑮ 在25～30℃的环境中放置1.5～2.5小时，进行二次发酵。面团处于从模具中膨出约三分之一的状态，当用手触摸时，面团表面为蓬松的状态。烤箱设定为过热蒸气，预热至220℃。预热完成后，将烤盘放入烤箱中烘烤10分钟。之后切换到正常设置的220℃，再烘烤20分钟。

⑯ 烘烤好后，将烤盘从烤箱中取出。戴着手套拿着模具，将其从10厘米高反复摔到桌子上，用这种方法去除面包里的水蒸气（这样能防止山形面包从中间断裂）。迅速从模具中取出面包放在散热架上，冷却后就完成了。

CHIP'S MEMO

当制作熟练后，可以用北香高筋面粉90克+香麦牌面粉150克替换高筋面粉，这样能做出更好吃的山形面包。当从烤箱中取出面包后，不要忘记第⑯步，也就是通过去除蒸气来防止面包从中间断裂的步骤。

CHIPPRUSON

山形葡萄面包

面包基础款③

山形面包

山形葡萄面包

山形葡萄面包能让人想起令人怀念的学校午餐，口感十分正宗。葡萄干酵母的香气和葡萄干的甜酸相呼应，让人每天都想烤来吃。轻轻放入口中，就能感受到多汁的葡萄干在口中裂开的美妙滋味。

材料（1份模具大小）

A
- 发酵种（参考P80 ~ 83）……80克
- 牛奶……90克
- 水……110克
- 蜂蜜……5克

高筋面粉……240克＋适量（作为手粉）
蔗糖……10克
盐……5.5克
无盐黄油……15克
葡萄干……60克
色拉油……适量（用于模具和食品储藏罐用）

初步准备

- 将适量的色拉油倒入模具中，并用厨房纸将其涂抹开。
- 将适量的色拉油倒入食品储藏罐中，并用厨房纸将其涂抹开。
- 将黄油切成1厘米左右的小方块，放入冰箱中冷藏。
- 将葡萄干用热水简单浸泡后，放在粗布上吸干水分，转至一个小碗中，淋两小茶匙的热水，等待其冷却下来。

① 按照P29的步骤① ~ ②进行操作。

② 将面团轻轻地从面包盒中取出，直接放在工作台上，不用撒手粉。把吸干水的葡萄干全部放在面团上。把面团切成两半重叠放在一起，注意不要切到葡萄干（图a）。将面团旋转90°，然后再次切成两半重叠放好（图b）。重复1 ~ 2次，直到葡萄干混入整个面团里（图c）。然后将面团转移到涂了色拉油的食品储藏罐中。盖上食品储藏罐的盖子，在25 ~ 30℃的环境中放置约1小时（如果无法确保指定的温度环境，请参考P10的CHIP'S MEMO）。

※ 用橡皮刮刀轻轻刮去面包盒、面包机搅拌叶片上残余的面，与面团揉在一起。在工作台上混合操作时，不要使用手粉。

a

b
c

③ 按照P30 ~ 31的步骤④ ~ ⑯进行（图片是第二次发酵后）。

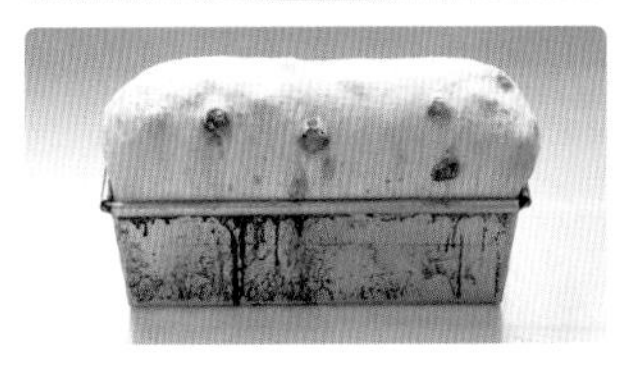

CHIPPRUSON

盐面包

盐面包

基础款面包③

山形面包

能感受到葡萄干酵母、小麦粉和牛奶搭配得相得益彰，味道甜美。蓬松而有弹性，一旦开始吃就停不下来。如果烘烤了很多，可以把它们放在篮子里，看起来也很不错。记住一定要用有甜味的岩盐。

材料（6个）

A
- 发酵种（参考P80 ~ 83）……60克
- 牛奶……60克
- 水……80克
- 蜂蜜……3克

高筋面粉170克＋适量（作为手粉、装饰粉用）
蔗糖……7克
盐……4克
无盐黄油……10克
橄榄油……适量（完成时用）
色拉油……适量（用于食品储藏罐）

初步准备

- 将适量的色拉油倒入食品储藏罐中，并用厨房纸将其涂抹开。
- 将黄油切成1厘米左右的小方块，放入冰箱中冷藏。

① 按照P29的步骤①～②进行操作。

切开、折叠

② 使用筛网在工作台上撒一层高筋面粉。将面团从食品储藏罐中倒出，然后任面团自由下落到工作台上。

※ 请避免没必要的触碰，否则可能会造成面包表面损伤（尤其是侧面）。

③ 将面团翻回正面，切成6等份（每份约64克）。

④ 参照P84，折叠切好的面团。将烘焙纸铺在烤盘上，用筛网将高筋面粉撒在烘焙纸上，然后将面团的收口朝下放置其上。

静置（松弛时间）

⑤ 置于25～30℃的环境中0.5～1小时。

整形

⑥ 将面团放在工作台上，用筛网在面团表面轻轻撒上高筋面粉。用手掌轻轻按压面团的周围，将空气排出，使其变成约两倍大小半球形面团。

⑦ 参考P86的整形，把烘焙纸铺在烤盘上，把面团收口朝下放在烘焙纸上。剩下的也照这样进行。

静置（二次发酵）

⑧ 置于25～30℃的环境中1～2小时，使其进行二次发酵。当面团大一圈时，用手触摸表面表面确认是否蓬松。

烘焙

⑨ 将烤箱预热至230℃。预热完成后，用筛网将高筋面粉撒在面团表面，用面团割纹刀在面团表面切一条约5毫米深的“一”字形口（图a）。在切口之间用刷子涂抹橄榄油（图b），并将岩盐撒在切口中（图c）。将烤盘放入烤箱中烘焙10分钟。把烤好的面包放在散热架上，冷却后就完成了。

a

b

c

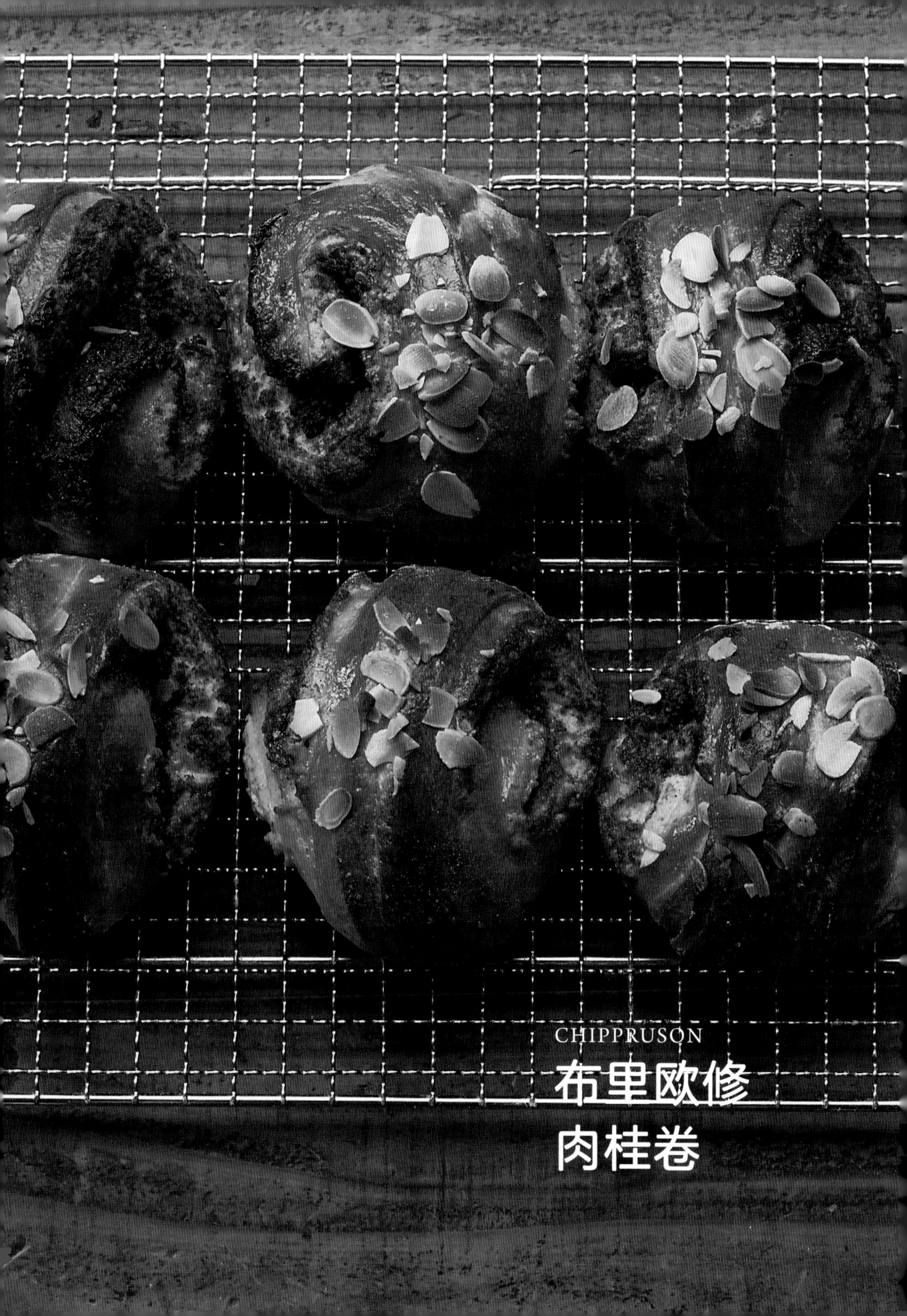
CHIPPRUSON
布里欧修
肉桂卷

布里欧修肉桂卷

基础款面包④
布里欧修

经常有朋友感叹做不好电影《海鸥餐厅》里出现的肉桂卷，所以在这里给出配方。布里欧修面团使用的材料较多，用天然酵母烘烤很费时间和精力，但从烤箱中取出时的香味能令人忘记之前的辛苦。

材料（5个＋面团边缘）

［布里欧修面团］

A 发酵种（参考P80 ~ 83）……60克
　牛奶……35克

鸡蛋……60克（中等大小1个）
高筋面粉……130克＋适量（作为手粉用）
蔗糖……25克
盐……3克
无盐黄油……50克
色拉油……适量（用于食品储藏罐）

［饼干面团］

无盐黄油……30克
蔗糖……35克
鸡蛋……40克（中等大小的不到1个）
低筋面粉……80克
杏仁粉……10克
发酵粉（无铝）……1克
切片杏仁……5克
打散的鸡蛋……适量

［黑糖核桃肉桂粉］

※ 下面是为制作方便的分量。这里使用40克。

核桃……30克
黑糖（粉末）40克
肉桂（粉末）2克

初步准备

- 将适量的色拉油倒入食品储藏罐中，并用厨房纸将其涂抹开。
- 将鸡蛋置于室温，敲碎蛋壳打到小碗里。
- 将黄油切成1厘米左右的小方块，放入冰箱中冷藏。
- 黑糖核桃肉桂粉的材料放入食品搅碎机里弄成粉末状，准备40克。

制作布里欧修面团

揉面

① 在开始揉面团之前，将A材料放入一个小碗中，用指尖轻揉酵母菌的菌块，充分与水混合均匀后松开。残留一些小块也没关系。

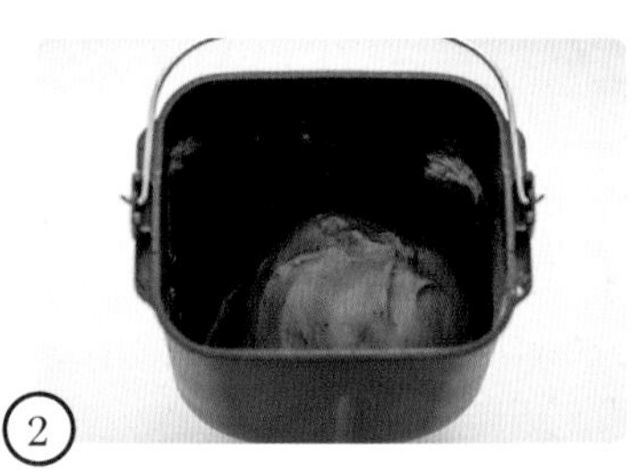

② 放入家用面包机的面包盒中，依次加入①材料、鸡蛋液，高筋面粉、蔗糖和盐。按开始按钮，将面团揉8分钟。然后停止，将冷却的骰子状黄油放入，再揉7分钟。

静置（酵母活化）→冷藏（首次发酵）→静置（酵母活化）

③ 将面团从面包盒中轻轻取出，将其转移到涂了色拉油的食品储藏罐中。盖上盖子，在25 ~ 30℃的环境下放置1 ~ 2小时（如果无法确保指定的温度环境，请参考P10的CHIP'S MEMO）。这一阶段，为了看到面团的膨胀高度，用胶带标记其位置。之后，在盖子盖好的状态下将其移至冰箱里，静置一晚，这就是首次发酵（最少8小时，最多可以在这种状态下保存36小时）。从冰箱中取出食品储藏罐，并轻轻打开盖子，使空气能够进入容器，再在25 ~ 30℃的环境中静置3 ~ 6小时。参照标记，直到面团膨胀到标记两倍高的位置。参考右页，做出饼干面团，然后放入冰箱中冷却。

※ 用橡皮刮刀轻轻刮去面包盒、面包机搅拌叶片上残余的面，与面团揉在一起。在第二次静置时，需要提供氧气给酵母，以促进其活化，因此不要密封容器。

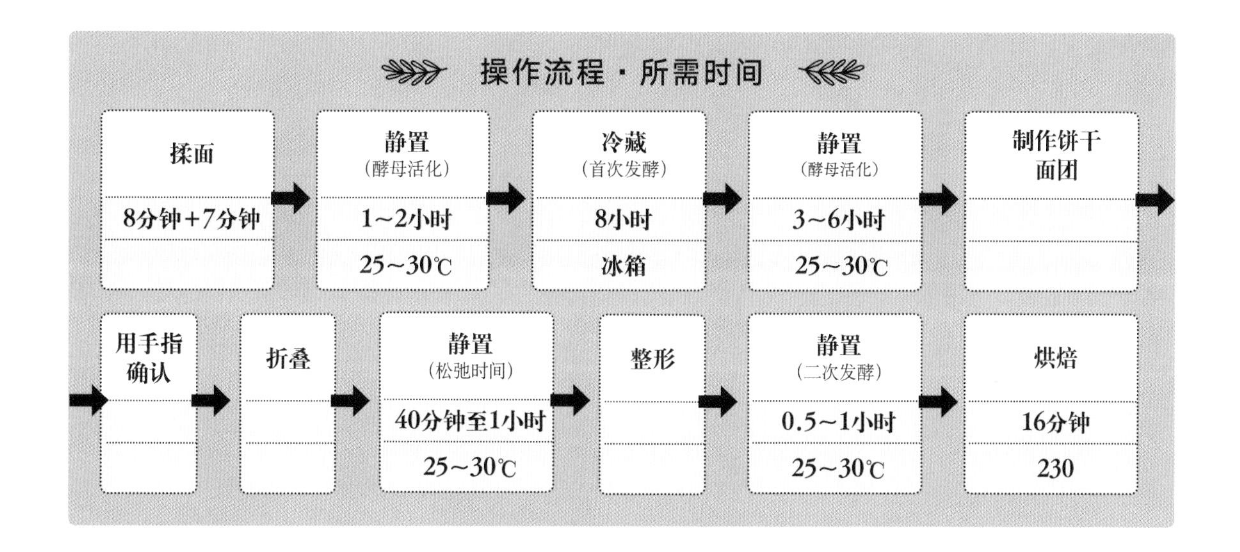

用手指确认

④检查面团的发酵情况。用筛网将高筋面粉轻轻撒到面团表面，然后将食指垂直插入面团底部。当面团逐渐弹回并且开孔封闭时就可以进行下一步了。

※ 请记住高筋面粉要撒在面包的正面。

折叠

⑤使用筛网在工作台上撒一层高筋面粉。将放有面团的食品储藏罐倒置，使面团从食品储藏罐中倒出，任面团按自由下落到工作台上。

⑥参考P85折叠面团。

※ 请避免没必要的触碰，否则可能会造成面包表面损伤（尤其是侧面）。

静置（松弛时间）

⑦将面团的收口朝下放在铺着烘焙纸的烤盘上，用筛网将高筋面粉撒在烘焙纸上。置于25 ~ 30℃的环境中40分钟至1小时。

饼干面团的制作

初步准备

- 将黄油放入碗中，放在室温下回软备用。
- 将鸡蛋置于室温，放入小碗中，在搅拌器中打好备用。
- 将低筋面粉和发酵粉混合。

①将黄油混合，用搅拌器打至奶泡状。②将蔗糖分2 ~ 3次加入，搅拌至奶油状。③将打好的鸡蛋分3次加入，每次加入都要搅拌均匀。④一起加入低筋面粉、三分之一发酵粉、全部的杏仁粉，用橡皮刮刀充分拌匀。⑤加入剩余的低筋面粉和发酵粉，当粉末消失时，用手整成一团，再用保鲜膜包好，放入冰箱中冷却至少1小时。

整形

8 在工作台上用筛网撒上高筋面粉，然后将布里欧修面团放在工作台上，用手将高筋面粉涂在擀面杖上，并将面团拉伸至B5纸尺寸。然后，将冷却的饼干面团拉伸至小一号的尺寸。

9 将布里欧修面团翻转过来，呈横向长方形状，在顶部留下约5毫米的边距，然后将饼干的面团放在它上面。

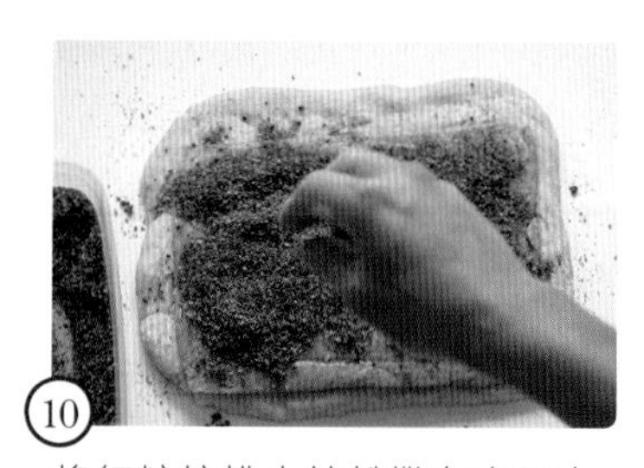

10 将红糖核桃肉桂粉撒在表面上，用手使其分散均匀。

11 从靠近自己处开始卷起，然后用手将边缘处捏合。

12 将开口朝下放置，在其表面用筛网撒上高筋面粉。

13 将其切成5等份，切割成梯形，把两端剩余部分放在一边。

14 把梯形面团放在手上平展，用割纹刀在面团背面做出花纹。其余4个也这样操作。

※ 面团很容易粘在刀上，所以视情况将高筋面粉涂在割纹刀上。

静置（二次发酵）

15 将烘焙纸铺在烤盘上，将面团置于其上，有花纹的面朝上（将两端切下的部分揉在一起做成一个团状后也放入烤盘）。在25～30℃的环境中放置0.5～1小时，进行二次发酵。等到面团变大一圈后，用手触摸，表面变得蓬松则正常。

烘焙

16 将烤箱预热至230℃，预热完成后，用刷子在面团表面涂上鸡蛋液，并撒上片状杏仁，将烤盘放入烤箱中烘烤16分钟。把烤好的面包放在散热架上，冷却后就完成了。

CHIP'S MEMO

做得比较熟练后可以尝试下面的做法，能够增加浓郁的风味，达到终极口味。①原料中的牛奶增加5克。②饼干面团中全部低筋面粉用低筋面粉60克＋全麦低筋面粉15克替代，用粉碎的美国大杏仁代替杏仁粉。

CHIPPRUSON

奶油面包

奶油面包

基础款面包④

布里欧修

风味独特的布里欧修面团和混合奶油&朗姆酒的蛋黄酱搭配十分可口，像奶油泡芙一样口感的奶油面包。如果在奶油酱里加入豆腐，更增加了几分和风口感。和配菜点心、和三盆十分相配。

材料（6个）

A 发酵种（参考P80 ~ 83）……60克
  牛奶……35克

鸡蛋……60克（中等大小1个）

高筋面粉……130克＋适量（作为手粉）

蔗糖……25克

盐……3克

无盐黄油……50克

色拉油……适量（用于食品储藏罐）

豆腐奶油酱……P69

和三盆（一种原产自日本的黑砂糖）……10克

初步准备

- 将适量的色拉油倒入食品储藏罐中，并用厨房纸将其涂抹开。
- 将鸡蛋置于室温，敲碎蛋壳打到小碗里。
- 将黄油切成1厘米左右的小方块，放入冰箱中冷藏。
- 将豆腐奶油酱放入一个带嘴的挤压袋中，放在冰箱中冷却。

① 按照P38 ~ 39的步骤①~④进行操作。

切开、折叠

② 使用筛网在工作台上撒一层高筋面粉。将面团从食品储藏罐中倒出，然后任面团自由下落在工作台上。

※ 请避免没必要的触碰，否则可能会造成面包表面损伤（尤其是侧面）。

③ 将面团翻回正面，切成6等份（每份约60克）。

④ 参照P84，折叠切好的面团。将烘焙纸放在烤盘上，用筛网将高筋面粉撒在烘焙纸上，然后将面团的收口朝下放置其上。

静置（松弛时间）

⑤ 置于25 ~ 30℃的环境中40分钟至1小时。

整形

⑥ 将面团放在工作台上，用筛网在面团表面轻轻弹上高筋面粉。用手掌轻轻按压面团的周围，将空气排出，使其变成约两倍大小的半球形面团。

⑦ 参考P86的整形，把烘焙油纸放在烤盘上，把面团收口朝下放在烘焙油纸上。剩下5个也照这样进行。

静置（二次发酵）

⑧ 置于25 ~ 30℃的环境中1 ~ 2小时，使其进行二次发酵。当面团大一圈时，用手触摸表面确认是否蓬松。

烘焙

⑨ 将烤箱预热至230℃。预热完成后，将烤盘放入烤箱中烘焙8分钟。把烤好的面包放在散热架上，冷却后就完成了。

完成

⑩ 等面包冷却后，用面包刀在中心切一个大约四分之三深的“一”字形口。把豆腐奶油酱从冰箱里拿出来，把奶油从面包切口最深处到外侧的方向挤出来。同时逐渐向上移动挤压袋，挤压出4 ~ 5条，直到切口里充满奶油。然后从上面用筛网撒上和三盆就完成。

CHIPPRUSON

蛋黄面包

蛋黄面包

在西班牙语中意为"蛋黄面包"，味道浓郁。名字虽是蛋黄，但现在使用整个鸡蛋。酥脆的外皮和鸡蛋味的面团就像蜂蜜蛋糕。涂上奶油奶酪或果酱等，或夹上火腿和蔬菜做成三明治，味道都很好。

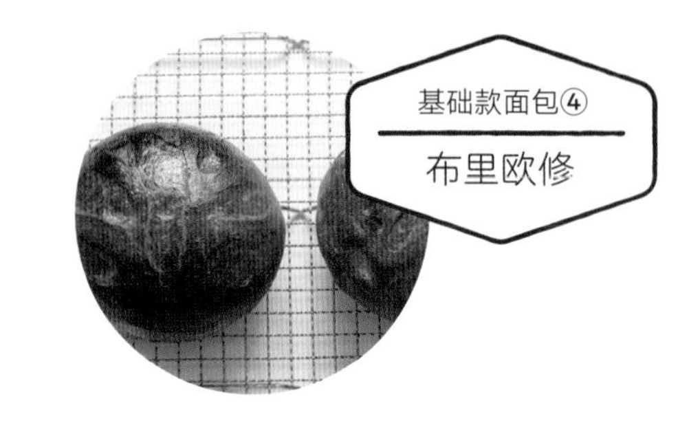

材料（2个）

A 发酵种（参考P80 ~ 83）……60克
牛奶……35克

鸡蛋……60克（中等大小的1个）
高筋面粉……130克＋适量（作为手粉）
蔗糖……25克
盐……3克
无盐黄油……50克
色拉油……适量（用于食品储藏罐）
打散的鸡蛋……适量

初步准备

- 将适量的色拉油倒入食品储藏罐中，并用厨房纸将其涂抹开。
- 将鸡蛋放置于室温下，敲碎蛋壳打到小碗里。
- 将黄油切成1厘米左右的小方块，放入冰箱中冷藏。

① 按照P38 ~ 39的步骤①~④进行。

切开、折叠

② 使用筛网在工作台上撒一层高筋面粉。将面团从食品储藏罐中倒出，然后任面团自由下落到工作台上。

※ 请避免没必要的触碰，否则可能会造成面包表面损伤（尤其是侧面）。

③ 将面团翻回正面，切成2等份（每份约180克）。

④ 参照P85，折叠切好的面团。将烘焙纸铺在烤盘上，用筛网将高筋面粉撒在烘焙纸上，然后将面团的收口朝下放置其上。另一个亦如此。

静置（松弛时间）

⑤ 置于25 ~ 30℃的环境中40分钟至1小时。

整形

⑥ 将面团放在工作台上，用筛网在面团表面轻轻撒上高筋面粉。用手掌轻轻按压面团的周围，将空气排出，使其变成约两倍大小的半球形面团。

⑦ 参考P87的整形，把烘焙纸铺在烤盘上，把面团收口朝下放在烘焙纸上。

⑧ 用割纹刀在面团表面划出图片所示的花纹。

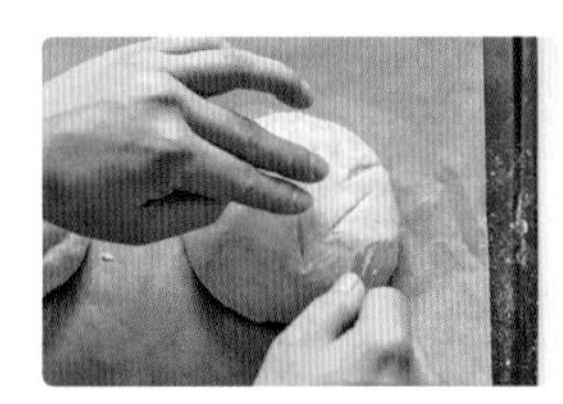

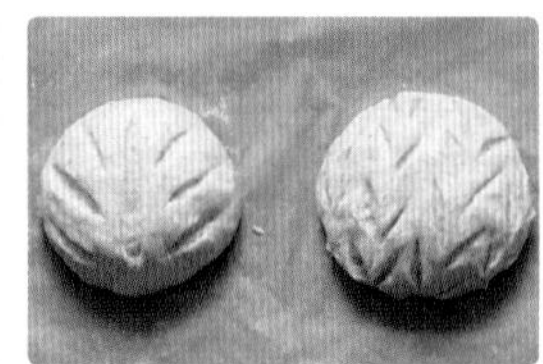

静置（二次发酵）

⑨ 置于25 ~ 30℃的环境中1 ~ 2.5小时，使其进行二次发酵。当面团大一圈时，用手触摸面团表面确认是否蓬松。

烘焙

⑩ 将烤箱预热至230℃。预热完成后，用刷子在面团表面刷上鸡蛋液，将烤盘放入烤箱中烘焙18分钟。把烤好的面包放在散热架上，冷却后就完成了。

CHIPPRUSON

菠萝包

菠萝包

基础款面包④

布里欧修

烤得蓬松的布里欧修面团与酥脆的饼干面团相结合，就是CHIPPRUSON的菠萝包了。在饼干面团中加入杏仁粉，就成了一个味道有些不同的配方，是一个质朴又绝对美味的招牌作品。

材料（6个）

A
- 发酵种（参考P80 ~ 83）……60克
- 牛奶……35克

［布里欧修面团］
- 鸡蛋……60克（中等大小的1个）
- 高筋面粉……130克＋适量（作为手粉用）
- 蔗糖……25克
- 盐……3克
- 无盐黄油……50克
- 色拉油……适量（用于食品储藏罐）

［饼干面团］
- 无盐黄油……30克
- 蔗糖……35克
- 鸡蛋……40克（中等大小的不到1个）
- 低筋面粉……80克
- 杏仁粉……10克
- 发酵粉（无铝）1克
- 甜菜糖……15克

初步准备

- 将适量的色拉油倒入食品储藏罐中，并用厨房纸将其涂抹开。
- 将鸡蛋置于室温下，敲碎蛋壳打到小碗里。
- 将黄油切成1厘米左右的小方块，放入冰箱中冷藏。

布里欧修面团制作方法

① 按照P38 ~ 39的步骤①~④进行。

切开、折叠

② 使用筛网在工作台上撒一层高筋面粉。将面团从食品储藏罐中倒出，然后任面团自由下落到工作台上。

※ 请避免没必要的触碰，否则可能会造成面包表面损伤（尤其是侧面）。

③ 将面团翻回正面，切成6等份（每份约60克）。

④ 参照P84，折叠切好的面团。将烘焙纸铺在烤盘上，用筛网将高筋面粉撒在烘焙纸上，然后将面团的收口朝下放置其上。

静置（松弛时间）

⑤ 置于25 ~ 30℃的环境中40分钟至1小时。

饼干面团的制作方法

⑥ 参考P39饼干面团制作方法，在冰箱里最少冷藏1小时。

整形

⑦ 将6份饼干面团（1份约30克）从冰箱中取出，搓成小球，置于室温下。

⑧ 将布里欧修面团表面朝上放在工作台上，用筛网在面团表面轻轻撒上高筋面粉。用手掌轻轻按压面团的周围，将空气排出，使其变成约两倍大小半球形面团。

⑨ 参考P86的整形，把烘焙纸铺在烤盘上，把面团收口朝下放在烘焙纸上。其余5个也照这样进行。

⑩ 将饼干面团转移到工作台上。从上面轻轻按压，使其平展。用手将高筋面粉涂在擀面杖上，然后将面团拉伸成直径约10厘米的圆形。其余5个以同样的方式进行。

⑪ 用布里欧修面团将饼干面团包裹起来（图ⓐ）。轻轻用割纹刀在面团上压出晶格花纹（图ⓑ）。将甜菜糖放入碗中，如图ⓒ所示，将面团表面朝下轻轻按下，轻轻按压在手掌上。其余5个执行相同的操作，尽可能将面包分开放（图ⓓ）。

a

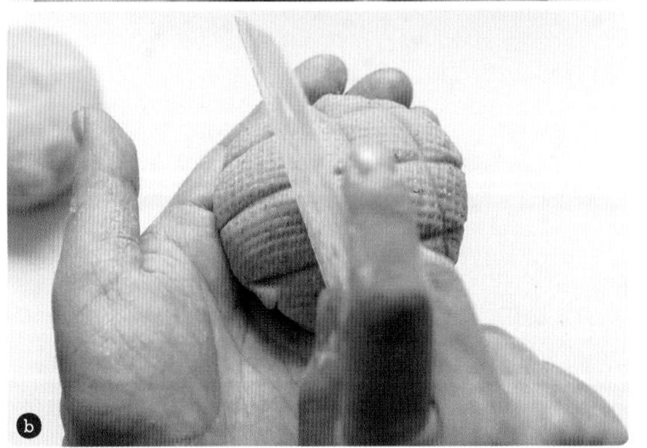
b

c

d

静置（二次发酵）

⑫ 置于25 ~ 30℃的环境中40 ~ 90分钟，使其进行二次发酵。当面团大一圈时，用手触摸面团表面确认是否蓬松。

烘焙

⑬ 将烤箱预热至220℃。预热完成后，将烤盘放入烤箱中烘焙13分钟。把烤好的面包放在散热架上，冷却后就完成了。

献给中高级烘焙爱好者的贝果和法式乡村面包

接下来介绍的是作者改良版的贝果和法式乡村面包的制作方法。比制作之前的面包要难一些，但是非常值得挑战。当你把烤盘从烤箱里拿出来时，你一定会感觉自己像个专业级的面包大师。

CHIPPRUSON

普通贝果

贝果是犹太人的传统食物，经过美国传播到世界各地，并成为众所周知的非油炸食品。它原本是一种速成面包，在没有经过发酵的情况下烘烤。但经过低温长时间发酵后，面团更紧致、更有韧性，加入蜂蜜后能较长时间保持湿润的口感。

材料（4个）

A
- 发酵种（参考P80 ~ 83）……80克
- 全脂豆浆……25克
- 水……95克
- 蜂蜜……5克

高筋面粉……160克+适量（手粉）
石磨粉（高筋面粉类型）……50克
蔗糖……5克
盐……5克
色拉油……适量（用于食品储藏罐）
红糖（粉末）……不足1大匙

初步准备

- 将适量的色拉油倒入食品储藏罐中，并用厨房纸将其涂抹开。
- 在小碗中加入高筋面粉160克和石磨粉50克，用搅拌器混合。

CHIP'S MEMO

虽然可以用高筋面粉来替代“高筋面粉+石磨粉”，但需添加一点石磨粉，不仅味道较好，烘焙的颜色也会十分出色。如果想要烘焙上色，就必须用红糖代替糖蜜。

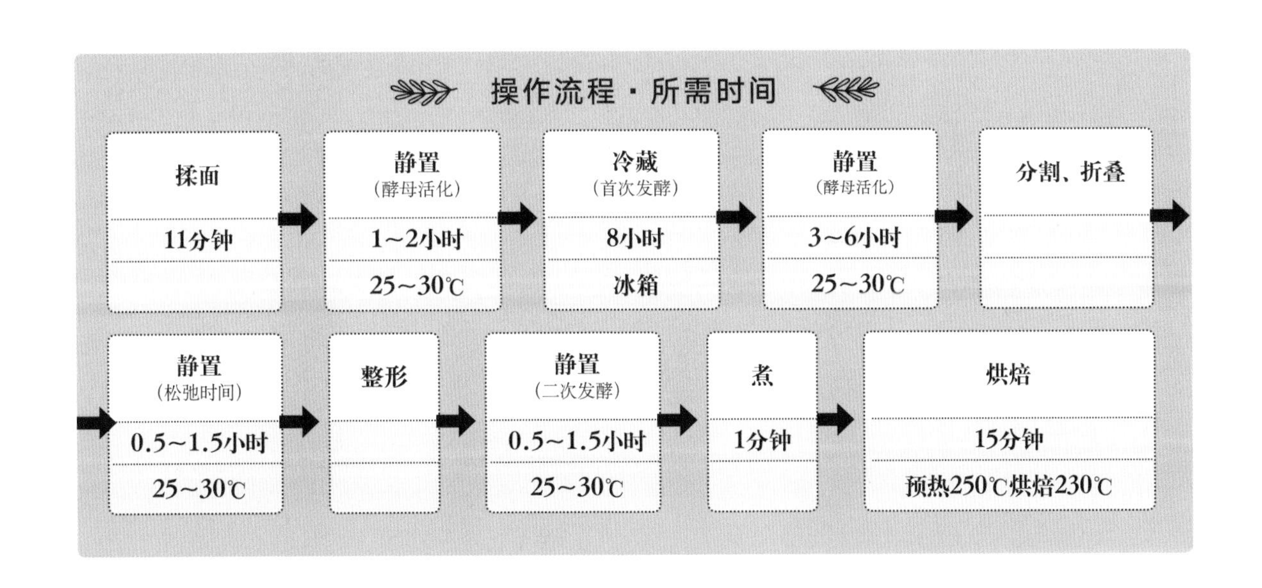

揉面

①

在开始揉面前，将A材料放入一个小碗中，用指尖轻揉酵母菌的菌块，充分与水混合均匀后松开。残留一些小块也没关系。放入家用面包机的面包盒中，依次加入混好的A材料、混合好的高筋面粉和石磨粉、蔗糖和盐。按开始按钮，将面团揉11分钟。

静置（酵母活化）

②

将面团从面包盒中轻轻取出，将其转移到涂了色拉油的食品储藏罐中。盖上盖子，在25 ~ 30℃的环境下放置1 ~ 2小时（如果无法确保指定的温度环境，请参考P10的CHIP'S MEMO）。

冷藏（首次发酵）→静置（酵母活化）

③

这一阶段，为了看到面团的膨胀高度，用胶带标记其位置。在盖子盖好的状态下将其移至冰箱里，静置一晚，这就是首次发酵（最少8小时，最多可以在这种状态下保存36小时）。从冰箱中取出食品储藏罐，并轻轻打开盖子，使空气能够进入容器，再在25 ~ 30℃的环境中静置3 ~ 6小时。参照标记，直到面团膨胀到约标记位置1.5倍高。用筛网将高筋面粉轻轻撒到面团表面，然后用食指从中央垂直插入面团底部，当面团逐渐回弹并且开孔封闭就好了。

※ 在第二次静置时，需要提供氧气给酵母以促进其活化，因此不要密封容器。

切开、折叠

④

用筛网在工作台上撒一层高筋面粉。将面团从食品储藏罐中倒出，然后任面团自由下落到工作台上。将面团翻回正面，切成4等份（每份约105克）。参照P84，折叠切好面团。将烘焙纸铺在烤盘上，用筛网将高筋面粉撒到烘焙纸上，然后将面团的收口朝下放置其上。其余3个亦如此。

※ 请避免没必要的触碰，否则可能会造成面包表面损伤（尤其是侧面）。

静置（松弛时间）

⑤

置于25 ~ 30℃的环境中0.5 ~ 1.5小时。

⑥

确认面团是否大了一圈。

整形

⑦ 将面团放在工作台上，用筛网在面团表面轻轻撒上高筋面粉。用手掌轻轻按压面团的周围，将空气排出，使其变成约原来两倍大小的半球形面团。

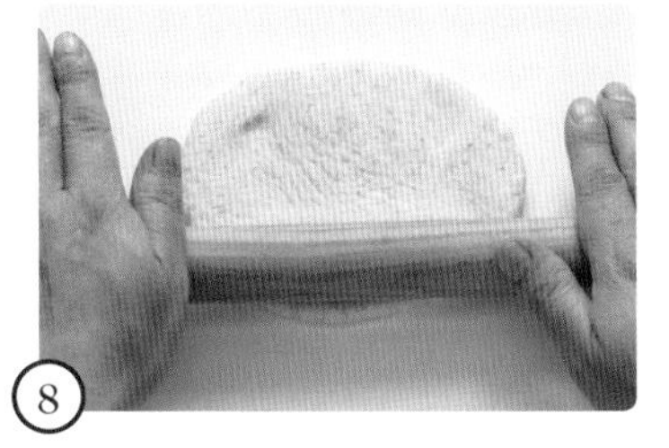

⑧ 用手把高筋面粉涂在擀面杖上，再将面团拉伸成圆形。

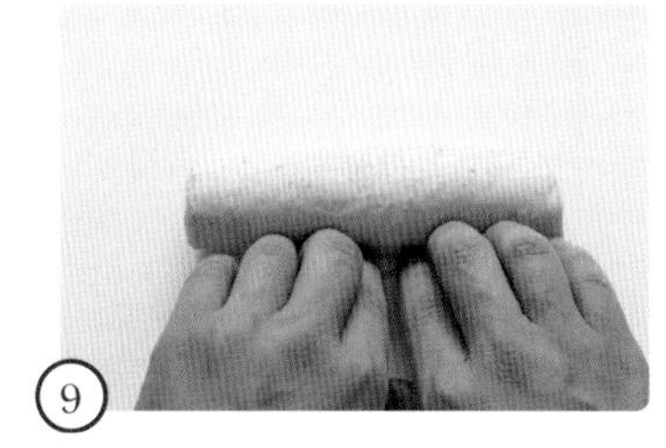

⑨ 将面团翻过来，从上方开始卷3圈左右使其呈棒状。

⑩ 在卷完后，将接合处捏合。

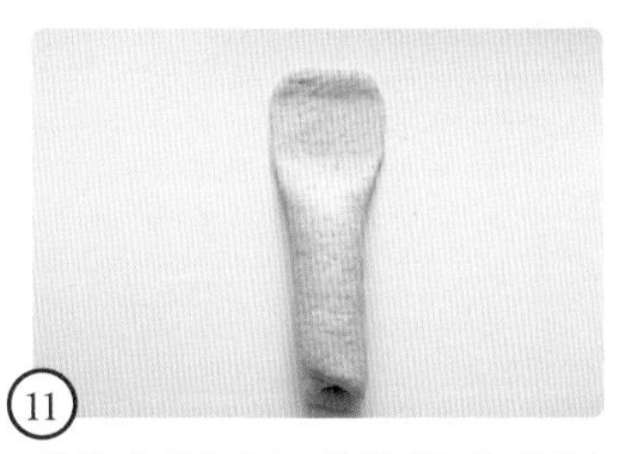

⑪ 将接合处朝下，将棒状面团竖过来，用擀面杖将上方约5厘米处擀平。

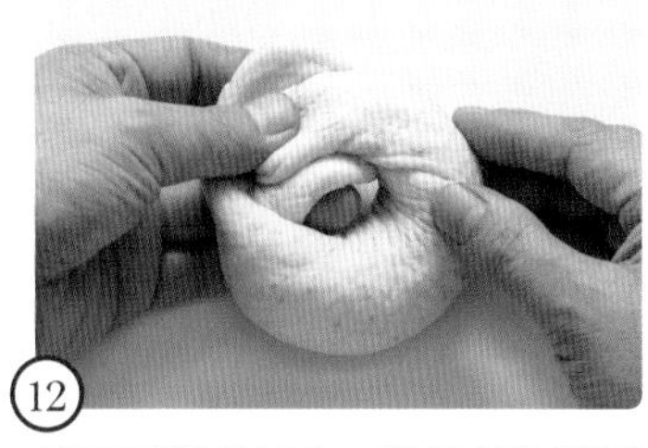

⑫ 将面团翻转过来，以棒状的那端扭转2 ~ 3次，使面团有弹性，两端重叠成圆圈状。

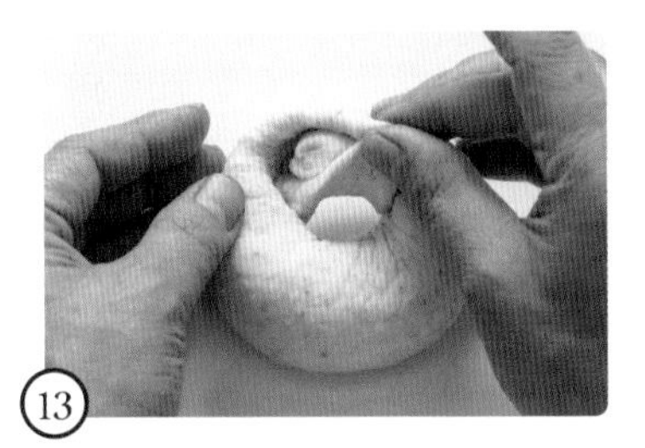

⑬ 用扁平的那端包裹棒状的那一端，用手捏合。

⑭ 用手抚平收口。

⑮ 在烤盘所铺的烘焙纸上找四个位置，用筛网轻轻撒上高筋面粉，将面团收口朝下放置其上。

静置（二次发酵）

⑯ 将面团置于25 ~ 30℃的环境中0.5 ~ 1.5小时。

煮贝果→烘焙

⑰ 将水放入锅（炖锅等）至7成的位置，用大火煮沸后加入红糖。将烤箱预热至250℃。将面团一个个表面朝下放入锅里，每个面团煮30秒。再次将烘焙纸铺在烤盘上，用漏勺将面团捞出来，表面朝上并排放好。将预热至250℃的烤箱重新设置为230℃，将烤盘放入烤箱烘烤15分钟。把烤好的面包放在散热架上，冷却后就完成了。

CHIPPRUSON

双层巧克力贝果与糙米贝果

基础款面包⑤

贝果

在这里介绍作者最喜欢的贝果。面团和夹馅加入巧克力的双层巧克力贝果，在咀嚼时，不断溢出巧克力的醇香口感，是巧克力爱好者不能错过的经典美味。此外，如果加入用煮饭器事先煎焙好的糙米，做出的“糙米贝果”会有一种糙米的糯感和谷物的香甜，就像吃新鲜煮熟的米饭一样。搭配上金平牛蒡等菜肴也是一种别有风味的日式吃法。

双层巧克力贝果

材料（4个）

A
- 发酵种（参考P80 ~ 83）……80克
- 全脂豆浆……25克
- 水……95克
- 蜂蜜……5克

- 高筋面粉……160克+适量（手粉）
- 石磨粉（高筋面粉类型）……50克
- 蔗糖……5克
- 盐……5克
- 色拉油……适量（用于食品储藏罐）
- 普通巧克力片……40克
- 烘焙用巧克力片（可可含量在50%的黑巧克力）……40克
- 红糖（粉末）……不足1大匙

初步准备

- 将适量的色拉油倒入食品储藏罐中，并用厨房纸将其涂抹开。
- 在小碗中加入160克高筋面粉和50克石磨粉，用搅拌器混合。
- 用刀将巧克力大致切一下。

① 按照P52的步骤①进行。

② 将面团从面包盒中轻轻取出，不用撒手粉，直接将面团放在工作台上。将两种巧克力片全部放在面团上，用刀将面团纵向切两半并重叠在一起。将面团转90°，再次纵切重叠。如此操作1～2次，直到巧克力片完全混入面团中。将其转移到涂了色拉油的食品储藏罐中，盖上盖子，在25～30℃的环境下放置1～2小时（如果无法确保指定的温度环境，请参考P10的CHIP'S MEMO）。

※ 用橡皮刮刀轻轻刮去面包盒上、面包机搅拌叶片上残余的面，与面团揉在一起。在工作台上混合操作时，不要使用手粉。

③ 按照P52的步骤③～⑥进行（面团分割后重量约每份115克）。

④ 按照P53步骤⑦⑧进行，然后按照步骤⑨翻过面团，将之前切好的巧克力放在面团中间，放成一列，卷成棒状，然后按照P53步骤⑩～⑰进行。

※ 卷面团时要注意里面夹着的巧克力片，不要弄破面团。

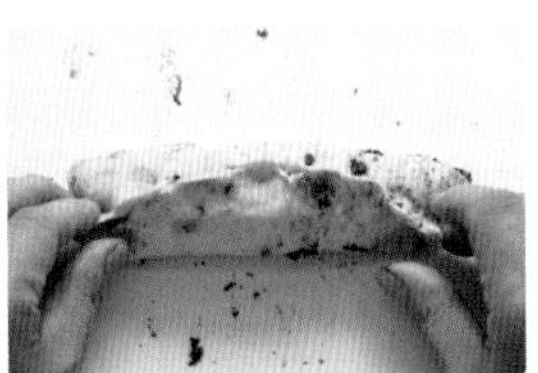

糙米贝果

材料（4个）

A
- 发酵种（参考P80～83）……80克
- 全脂豆浆……25克
- 水……95克
- 蜂蜜……5克

高筋面粉……160克＋适量（手粉）
石磨粉（高筋面粉类型）50克
蔗糖……5克
盐……5克
色拉油……适量（用于食品储藏罐）
在电饭煲里煮的糙米（参考P68）……50克
红糖（粉末）……不足1大匙

初步准备

- 将适量的色拉油倒入食品储藏罐中，并用厨房纸将其涂抹开。
- 在小碗中加入160克高筋面粉和50克石磨粉，用搅拌器混合。

① 按照P52的步骤①进行。

② 将面团从面包盒中轻轻取出，不用撒手粉，将面团放在工作台上。将糙米全部放在面团上，用刀将面团纵向切两半重叠一起。将面团转90°，再次纵切重叠。如此操作1～2次，直到糙米完全混入面团中。将其转移到涂了色拉油的食品储藏罐中，盖上盖子，在25～30℃的环境下放置1～2小时（如果无法确保指定的温度环境，请参考P10的CHIP'S MEMO）。

※ 用橡皮刮刀轻轻刮去面包盒上、面包机搅拌叶片上残余的面，与面团揉在一起。在工作台上混合操作时，不要使用手粉。

③ 按照P52～53步骤③～⑰进行（面团分割后重量约每份118克）。

CHIPPRUSON

普通法式乡村面包

基础款面包⑥

法式乡村面包

法式乡村面包是一种谷物口感丰富、质朴而美味的面包。该制作方法使用了五种谷物面粉，这种搭配可以在最后让面包呈现金黄色，所以请尽最大的努力准备齐这些材料。

材料（直径23厘米的模具1个）

A
- 发酵种（参考P80 ~ 83）……100克
- 水……180克
- 红糖……1克

高筋面粉……50克 + 适量（手粉、发酵、装饰用）

中筋面粉……110克

石磨粉（高筋面粉型）……30克

全麦粉（高筋面粉型）……30克

黑麦粉……30克 + 适量（发酵、装饰用）

岩盐……6克

色拉油……适量（用于食品储藏罐）

初步准备

- 将适量的色拉油倒入食品储藏罐中，并用厨房纸将其涂抹开。
- 在小碗中加入50克高筋面粉和110克中筋面粉，石磨粉、黑麦粉、全麦粉各30克，用搅拌器混合。
- 准备发酵用、装饰用的粉。将高筋面粉及黑麦粉以1 ： 1的比例放入容器中，再用搅拌器拌匀。准备一个较小的搅拌盆，重石放入盆中约8成满。由于烘焙面包前要注入1大匙热水（量外），所以可先在保温瓶中装入热水，保持水温以备用。

CHIP'S MEMO

如果很难找到配方中的五种谷物粉来制作，可以尝试用以下配方，也能产生类似效果。①高筋面粉190克 + 全麦粉60克，②高筋面粉190克 + 全麦粉30克 + 黑麦粉30克。

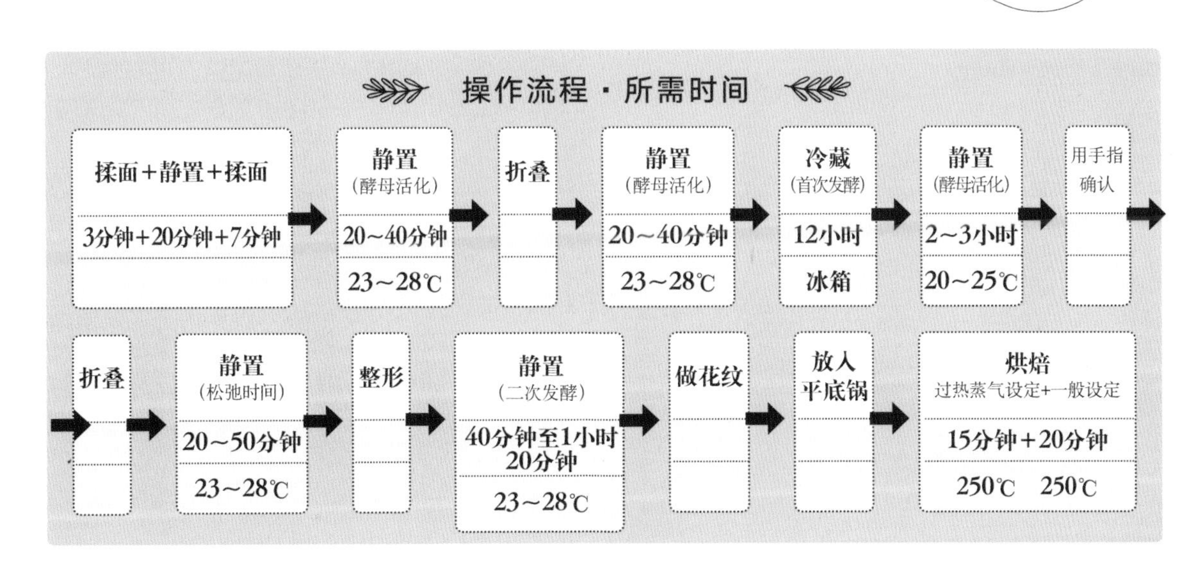

揉面＋静置＋揉面

①

在开始揉面团前，将A材料放入一个小碗中，用指尖轻揉酵母菌的菌块，充分与水混合均匀后松开。残留一些小块也没关系。

②

放入家用面包机的面包盒中，依次加入①材料、混合好的高筋面粉、中筋面粉、石磨粉、全麦粉、黑麦粉组合。按开始按钮，将面团揉3分钟。按下停止按钮，静置20分钟后，打开盖子加入岩盐，再揉面7分钟。

静置（酵母活化）

③

将面团从面包盒中轻轻取出，将其转移到涂了色拉油的食品储藏罐中。盖上盖子，在23 ~ 28℃的环境下放置20 ~ 40分钟（如果无法确保指定的温度环境，请参考P10的CHIP'S MEMO）。

折叠→静置（酵母活化）→冷藏（首次发酵）→静置（酵母活化）

④

用筛网在工作台上撒一层高筋面粉。将面团从食品储藏罐中倒出，然后任面团自由下落到工作台上。将双手涂上高筋面粉，然后如P85一样折叠面团，将面团的收口朝下放回食品储藏罐中。再盖上盖子，在23 ~ 28℃的环境中放置20 ~ 40分钟。这一阶段，为了看到面团的膨胀高度，用胶带标记其位置。在盖子盖好的状态下将其移至冰箱里，静置一晚，这就是首次发酵（最少12小时，最多可以在这种状态下保存36小时）。从冰箱中取出食品储藏罐，并轻轻打开盖子，使空气能够进入容器，再在20 ~ 25℃的环境中静置2 ~ 3小时。参照标记，直到面团膨胀到约标记位置2倍高。

※ 硬面包容易起皱，所以在操作时要保持面团触碰时感觉到冷的温度状态，在夏天要特别注意。在第二次静置时，需要提供氧气给酵母，以促进其活化，因此不要密封容器。

用手指确认

⑤

检查面团的发酵情况。用筛网将高筋面粉轻轻撒到面团表面，然后将食指垂直插入面团底部。当面团逐渐回弹并且开孔封闭时就可以进行下一步了。

※ 请记住高筋面粉要撒在面包的正面。

折叠

⑥

用筛网在工作台上撒一层高筋面粉。将放有面团的食品储藏罐倒置，将面团从食品储藏罐中倒出，任面团自由下落到工作台上。然后如P85一样折叠面团，将烘焙纸铺在烤盘上，再在烘焙纸上撒上高筋面粉后，将面团收口朝下放置其上。

※ 请避免没必要的触碰，否则可能会造成面包表面损伤（尤其是侧面）。

静置（松弛时间）→整形

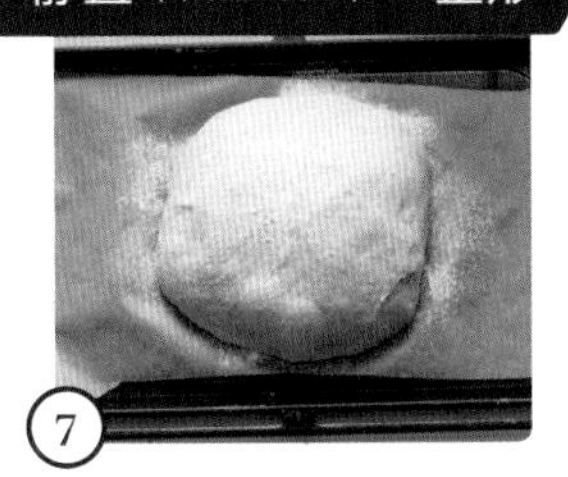
⑦ 在温度23 ~ 28 ℃的环境中放置20 ~ 50分钟。

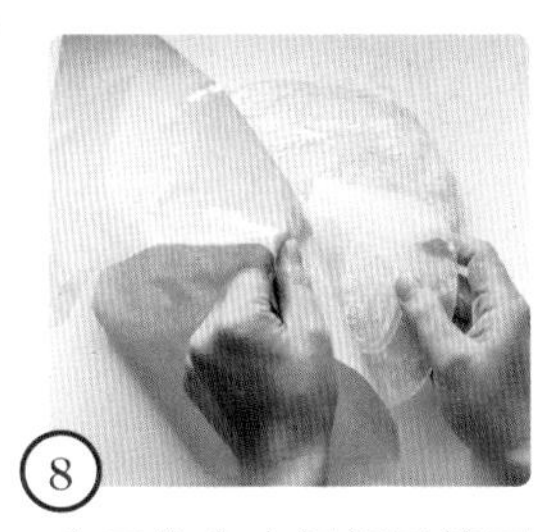
⑧ 在工作台上轻轻用筛网撒一层高筋面粉，用烘焙纸兜着将面团翻过来。

⑨ 翻回表面，用喷雾器轻轻喷一些水。用手掌轻轻按压面团周围，将空气排出，将面团拉伸为原来两倍大小的半圆形。

※ 当将面团拉伸至半圆形时，面团表面会出现一些大气泡，不要强行挤压，要将气泡推向面团的边缘，在推的过程中气泡就会自动分解成小气泡，最后被排出。

⑩ 把面团翻过来，将面团边缘拉至中央部分，捏合好。

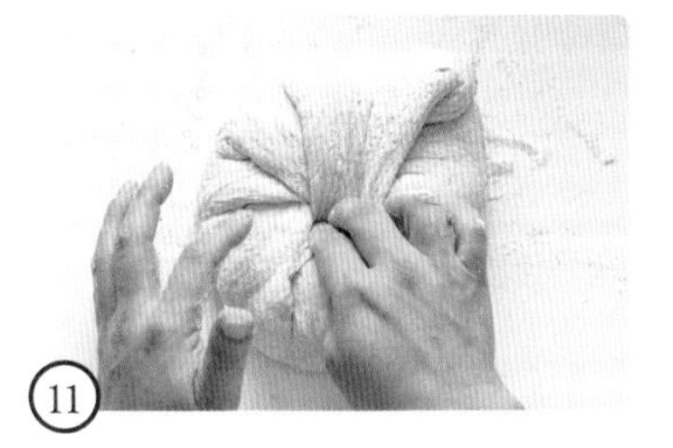
⑪ 用手指捏和面团边缘。

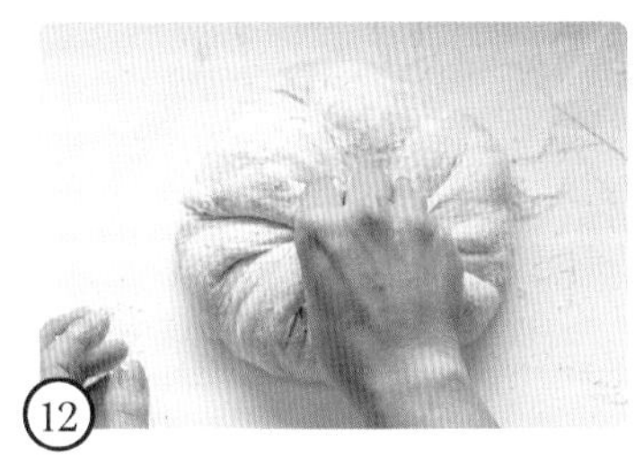
⑫ 用手指捏住，使面团的中心不分开。

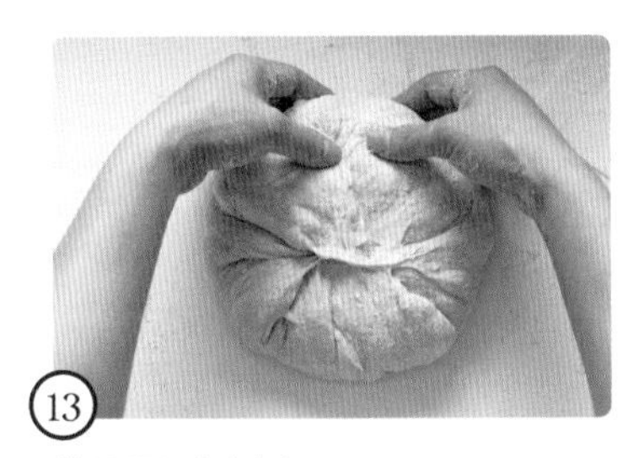
⑬ 将面团对半折一下。

⑭ 用手指捏合折叠的边缘。

⑮ 将收口向上并将面团旋转90°（如果收口松动，请再次用手捏合）。

⑯ 从另一侧再对半折一下，用手指捏合折叠的边缘。

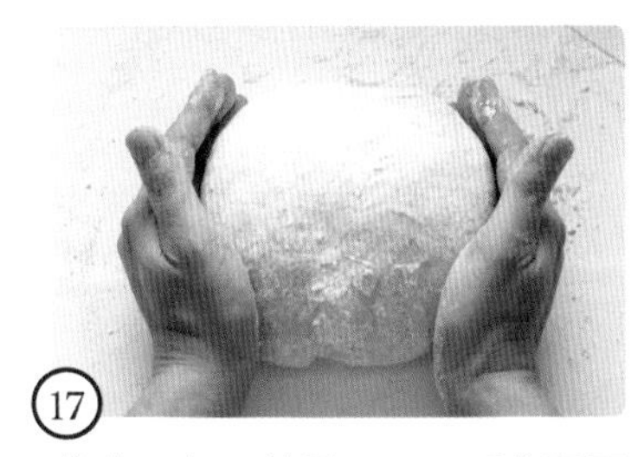
⑰ 将收口朝下放置，用双手将面团下方整理成圆形，顺时针转动2 ~ 3次，使圆形圆润饱满。

⑱ 用粗棉布（或麻布）铺在发酵盆中，用筛网在棉布上撒一层发酵粉，将面团朝下放入发酵盆中。

静置（二次发酵）

⑲ 在23 ~ 28℃的环境中放置40分钟至1小时20分钟，进行二次发酵。在二次发酵完成前10分钟开始准备烤箱［准备烤箱和烤盘，将烤盘放入烤箱→将放入重石的小碗放入烤盘的左后角或右后角（设有热风风扇）→用过热蒸气预热至250℃］。预热完成后再等10分钟，使烤箱完全储热。利用10分钟的储热时间，一边加热平底锅，一边绘制面团的花纹（用中火加热平底锅→用筛网在面团上轻轻撒上发酵粉→将裁成比发酵盆大一圈的烘焙纸和纸板压着放在发酵盆上后翻过来。将放着面团的纸板放在工作台上，再一起移除发酵盆连同棉布）。

绘制花纹

⑳ 在面团表面用筛网撒上混好的装饰粉。

㉑ 用割纹刀在面团上绘制叶子的形状图案，稍微深一些。

㉒ 接下来，绘制叶脉的纹路，比步骤㉑的绘制力度稍微浅一些。

放入平底锅

㉓ 将手放在平底锅上方感到热后（300℃），将纸板连同面团拿起，使烘焙纸连同面团一起滑进平底锅内。

烘烤

㉔ 烤箱用过热的水蒸气模式预热至250℃，打开烤箱门，在放有重石的碗中注入1大匙热水。将放入面团的平底锅快速放入烤箱中（高温注意），烘烤15分钟。然后切换到正常模式（250℃），再烘烤20分钟。把烤好的面包放在散热架上，冷却后就完成了。

※ 加热的平底锅非常热，所以当移动到烤箱内时，必须戴上2 ~ 3层军用手套，并拿着锅握柄。

CHIPPRUSON

无花果腰果
法式乡村面包

无花果腰果法式乡村面包

柔软甜香的无花果和味道浓郁的腰果搭配，成为十分流行的面包。当用刀将这种面包切片时，切口呈现的无花果和坚果的样子也十分有趣。可以轻烤面包，夹着生火腿和奶酪，配上白葡萄酒一起享用。

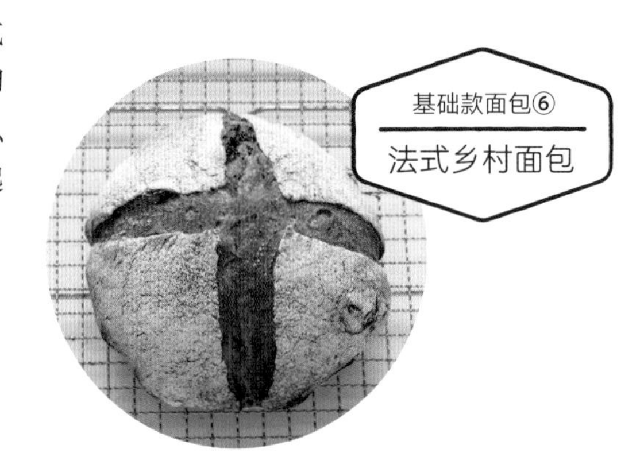

材料（直径23厘米的平底锅1个）

A
- 发酵种（参考P80～83）……70克
- 水……115克
- 红糖……0.5克

高筋面粉……35克+适量（手粉、发酵粉、装饰粉）

中筋面粉……70克

石磨粉（高筋面粉类型）……20克

全麦粉（高筋面粉类型）……20克

黑麦粉……20克+适量（发酵粉、装饰粉）

岩盐……4克

色拉油……适量（用于食品储藏罐）

腰果……25克

全脂豆浆……适量

无花果（白色、干燥、无漂白）……50克

初步准备

- 将适量的色拉油倒入食品储藏罐中，并用厨房纸将其涂抹开。
- 在小碗中加入高筋面粉35克和中筋面粉70克，石磨粉、黑麦粉、全麦粉各20克，用搅拌器混合。
- 准备发酵粉和装饰粉。将高筋面粉和黑麦粉按1 ： 1的比例放入容器中，用搅拌器轻轻搅拌混合。
- 准备一个小碗，把重石放入碗中约8成满。提前在保温壶中准备好热水。在烘烤面包前，将1大匙热水倒入碗中（量外）。
- 将烤箱预热至160℃，将腰果烤8分钟，用菜刀粗切。将切碎的腰果放入小碗内，倒入全脂豆浆浸泡约15分钟。然后把它们捞出来控干水。
- 用菜刀将无花果切碎，大的切6等份，小的切为4等份。在热水中浸泡约1分钟后，捞出在粗布上吸干水，放入小碗中，倒入1大匙热水（量外），然后冷却。之后捞出，在粗布上吸干水，这一操作请在揉面前30分钟完成（如果无花果在混入面团时温度较高，会导致面团出现褶皱）。

a

b

① 按照P58步骤①～②进行。

静置（酵母活化）

② 将面团从面包盒中轻轻取出，不要在工作台上撒手粉，将面团放置其上。将吸干水分的白无花果和腰果全部放在面团上，用刀将面团纵向切两半重叠一起，注意尽量避免将白无花果切烂。将面团转90°，再次纵切重叠。如此操作1～2次，直到白无花果和腰果完全混入面团中。将其转移到涂了色拉油的食品储藏罐中，盖上盖子，在23～28℃的环境中放置20～40分钟（如果无法确保指定的温度环境，请参考P10的CHIP'S MEMO）。

※ 用橡皮刮刀轻轻刮去面包盒、面包机搅拌叶片上残余的面，与面团揉在一起。在工作台上混合操作时，不要使用手粉。

③ 按照P58～59步骤④～⑱进行。

静置（二次发酵）

④ 在23～28℃的环境中放置0.5～1小时，进行二次发酵。在二次发酵完成前10分钟开始准备烤箱［准备烤箱和烤盘，将烤盘放入烤箱→将放入重石的小碗放入烤盘的左后角或右后角（设有热风风扇）→用过热蒸气来预热至250℃］。预热完成后再等10分钟，使烤箱完全储热。利用10分钟的储热时间，一边加热平底锅，一边绘制面团的花纹（用中火加热平底锅→用筛网在面团上轻轻撒上发酵粉→将裁成比发酵盆大一圈的烘焙纸和纸板压着放在发酵盆上后翻过来。将放着面团的纸板放在工作台上，发酵盆连同棉布一起移除）。

绘制花纹

⑤ 在面团表面用筛网撒上混好的装饰粉。

⑥ 将割纹刀在面团上，绘制一个深1厘米左右的"十"字形。

放入平底锅

⑦ 将手放在平底锅上方感到热后（300℃），将纸板连同面团拿起，使烘焙纸连同面团一起滑入平底锅内。

烘焙

⑧ 烤箱用过热蒸气模式预热至250℃，打开烤箱门，在放有重石的碗中注入1大匙热水。将放有面团的平底锅快速放入烤箱中（高温注意），烘烤15分钟。然后切换到正常模式（250℃），再烘烤18分钟。把烤好的面包放在散热架，冷却后就完成了。

※ 加热的平底锅非常热，所以移动到烤箱内时，必须戴上2～3层军用手套，并拿着锅握柄。

葡萄干核桃法式乡村面包

基础款面包⑥

法式乡村面包

略带酸味的法式乡村面包与甜美的葡萄干、香酥的核桃搭配，可以称为黄金组合。葡萄干事先用热水浸泡，核桃用豆浆浸泡，这是制作面包中一定要学会的技巧。令人惊讶的是，烤好的面包里的葡萄干会变得多汁，核桃会变得更香。用白葡萄酒代替热水泡葡萄干，味道会更美味。

材料（直径20厘米的海参形模具1个）

A 发酵种（参考P80 ~ 83）……70克
水……115克
红糖……0.5克

高筋面粉……35克 + 适量（手粉、发酵粉、装饰粉）
中筋面粉……70克
石磨粉（高筋面粉类型）20克
全麦粉（高筋面粉类型）20克
黑麦粉……20克 + 适量（发酵粉、装饰粉）
岩盐……4克
色拉油……适量（用于食品储藏罐）
核桃……25克
全脂豆浆……适量
葡萄干（褐色）……25克
葡萄干（绿色、无漂白）25克

※ 葡萄干只用一种褐色也行，准备50克即可。

初步准备

- 将适量的色拉油倒入食品储藏罐中，并用厨房纸将其涂抹开。
- 在小碗中加入高筋面粉35克和中筋面粉70克，石磨粉、黑麦粉、全麦粉各20克，用搅拌器混合。
- 准备发酵粉和装饰粉。将高筋面粉和黑麦粉按1 ： 1的比例放入容器中，用搅拌器轻轻搅拌混合。
- 准备一个小碗，把重石放入碗中约8成满。提前在保温壶中准备好热水，在烘烤面包之前，将1大匙热水倒入碗中（量外）。
- 将烤箱预热至160℃，将核桃烤13分钟，用菜刀粗切。将切碎的核桃放入小碗内，倒入全脂豆浆浸泡约15分钟。然后把它们捞出来控干水。
- 将2种葡萄干在热水中浸泡1分钟后，捞出在粗布上吸干水，放入小碗中，倒入1大匙热水（量外），然后冷却，再捞出在粗布上吸干水，这一操作请在揉面前30分钟完成（若葡萄干在混入面团时温度较高，则面团易出现褶皱）。

a

b

① 按照P58步骤①～②进行。

静置（酵母活化）

② 将面团从面包盒中轻轻取出，不用在工作台上撒手粉，将面团放置其上。将吸干水分的葡萄干全部放在面团上，用刀将面团纵向切两半重叠一起，注意不要切到葡萄干。将面团转90°，再次纵切重叠。如此操作1～2次，直到葡萄干完全混入面团中。将其转移到涂了色拉油的食品储藏罐中，盖上盖子，在23～28℃的环境中放置20～40分钟（如果无法确保指定的温度环境，请参考P10的CHIP'S MEMO）。

※ 用橡皮刮刀轻轻刮去面包盒、面包机搅拌叶片上残余的面，与面团揉在一起。在工作台上混合操作时，不要使用手粉。

③ 按照P58步骤④～⑥进行。

静置（松弛时间）→整形

④ 在23～28℃的环境中放置20～50分钟。在工作台上轻轻用筛网撒一层高筋面粉，用烘焙纸兜着将面团翻过来。翻回表面，用喷雾器轻轻喷一些水。用手掌轻轻按压面团周围，将空气排出，将面团拉伸为原来两倍大小的半圆形。参考图片将面团整形，将两端向中央折叠捏合成海参状。在烤盘上覆盖帆布，将混好的帆布用粉用筛网撒在帆布上，在其上放面团。

※ 将面团拉伸至半圆形时，面团表面会出现一些大气泡，不要强行挤压，要将气泡推向面团的边缘，推的过程中气泡就会自动分解成小气泡被排出。

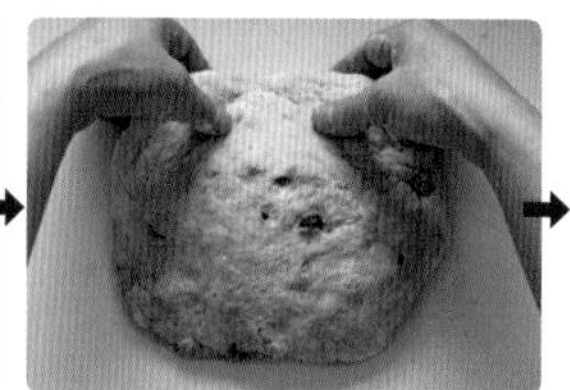
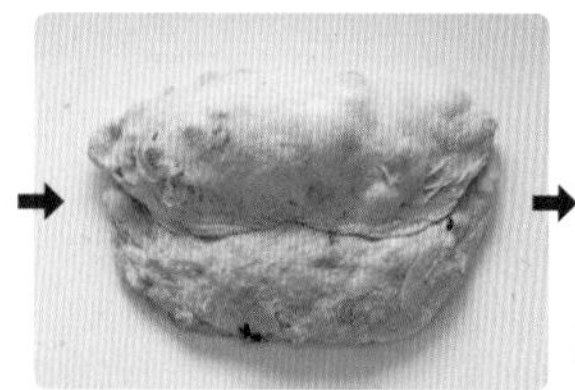
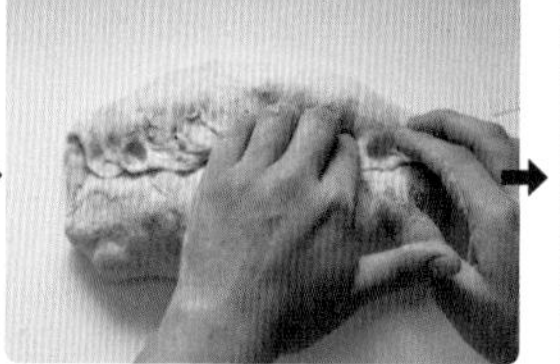
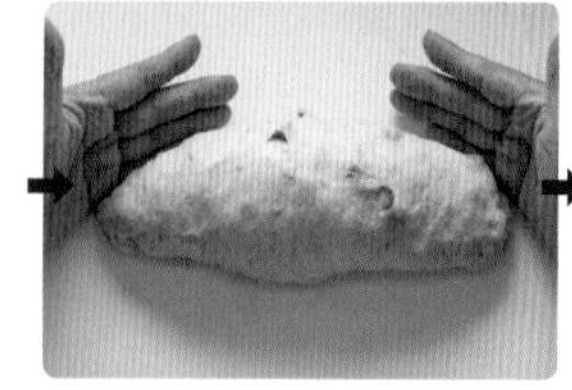
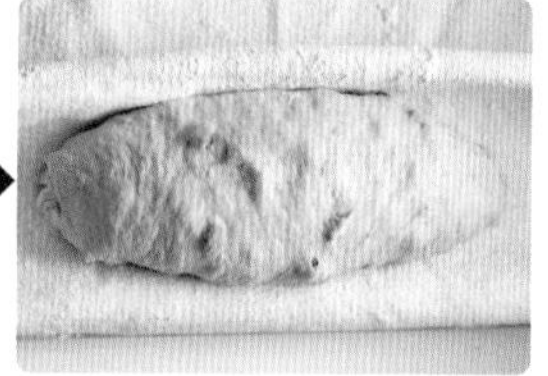

静置（二次发酵）

⑤ 在23～28℃的环境中放置0.5～1小时，进行二次发酵。在二次发酵完成前10分钟开始准备烤箱［准备烤箱和烤盘，将烤盘放入烤箱→将放入重石的小碗放入烤盘的左后角或右后角（设有热风风扇）→用过热蒸气来预热至250℃］。预热完成后再等10分钟，使烤箱完全储热。利用10分钟的储热时间，一边加热平底锅，一边绘制面团的花纹（用中火加热平底锅→用筛网在面团上轻轻撒上发酵粉→将裁成比发酵盆大一圈的烘焙纸和纸板压着放在发酵盆上后翻过来。将放着面团的纸板放在工作台上，发酵盆连同帆布一起移除）。

绘制花纹

⑥ 在面团表面用筛网撒上混好的装饰粉。

⑦ 用割纹刀在面团上，绘制一个深1厘米左右的曲线。

放入平底锅

⑧ 将手放在平底锅上方，感到热后（约300℃），将纸板连同面团拿起，使烘焙纸连同面团一起滑进平底锅内。

烘焙

⑨ 烤箱用过热蒸气模式预热至250℃，打开烤箱门，在放有重石的碗中注入1大匙热水。将装有面团的平底锅快速放入烤箱（高温注意），烘烤15分钟。然后切换到正常模式（250℃），再烘烤18分钟。把烤好的面包放在散热架上，冷却后就完成了。

※ 加热的平底锅非常热，所以移动到烤箱内时，必须戴上2～3层军用手套，并拿着锅握柄。

自制加工食品与当季甜点

本节将介绍经多年来不断改良，与天然酵母面包搭配十分美味的食材、酱汁和奶油食谱。由于自身很喜欢简单朴素的甜点，在做面包的空闲偶尔做一些饼干和蛋挞，这些甜点都受到了顾客的好评。下面就来介绍一下这些简单甜点的制作方法。

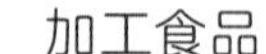

自制番茄酱

这是以前在西班牙遇到的朋友教我的，经过改良变成了CHIPPRUSON的味道。水煮番茄加上新鲜番茄，口感清爽。“自制番茄酱比萨”(P23)可以用此番茄酱制作。

材料（制作简单的分量）

水煮番茄……400克

新鲜番茄……中等大小的2个

大蒜……1瓣（比较小的2瓣）

橄榄油……2大匙

月桂叶（干燥）……1片

盐……1小匙

① 将水煮番茄倒在碗里，用叉子等大概戳一下。

② 将新鲜番茄用水洗净，去除番茄外表水分，用菜刀切成两半。把番茄的切面压在擦丝器上，一边压出果肉，一边磨成泥。扔掉皮和蒂。

③ 大蒜去皮后放在砧板上，用刀的侧面轻轻压碎。

④ 将橄榄油和大蒜放入锅中，用小火加热3 ~ 4分钟，让大蒜的香味融入油中。

⑤ 在步骤④中加入新鲜番茄、水煮番茄、月桂叶，中火煮20 ~ 25分钟。用木铲搅拌一下，待锅底变稠后加入盐搅拌，然后从火上移开。

⑥ 挑出里面的大蒜和月桂叶，放凉后就大功告成了。放入空果酱瓶或食品储藏器里保存，在冰箱内能保存约10天。

煎焙糙米

这是一种将有营养的糙米以谷物的口感加入面包的烹饪方法。烤到黄褐色后再煮熟的糙米非常香，而且有糯糯的感觉，与“糙米贝果”(P54)等小麦粉面包非常相配。

材料（制作简单的分量）

糙米……1杯

香油……1小匙

盐……少许

初步准备

• 将烤箱预热至160℃。

① 在烤盘上铺烘焙纸，将糙米全部摊开不让其重叠。放入预热160℃的烤箱中，烤30 ~ 40分钟。在此过程中，约20分钟后打开烤箱，用木铲搅拌一下，使上色均匀。整体呈金黄色时就做好了。可放入密封容器，在阴暗处保存1个月左右。

② 作为面包材料使用时，要在揉面前用电饭锅煮好，冷却后方可使用。在电饭煲里加入1杯水(量外)、香油、盐，以快煮的方式煮好后，摊到砧板上冷却。也可以在这种状态下直接放进食品保鲜袋冷冻，然后混入面团中。

香草和朗姆酒的香味让人欲罢不能。减少蛋黄的比例，用豆腐代替，能够呈现出鼓鼓的感觉，热量也会下降，就算吃再多也不会有罪恶感。在“奶油面包”(P41)和“奶油蛋糕”(P76)中可以加入，或加到你喜欢的其他食物里。

材料

牛奶……160克

香草豆荚……1/8根

蛋黄……45克（中等大小2个多）

蔗糖……40克＋15克

低筋面粉……20克

木棉豆腐……1个（300～400克）

※ 参考初步准备的步骤进行控水，约剩余90克。

朗姆酒……8克

初步准备

- 去除豆腐水分。用厨房纸包豆腐，再用干净的毛巾包好，放进烤盘。在豆腐上放一块砧板，在上面放一个盛有水的碗，放1小时以上。豆腐去除水分后，可以测量一下约剩余90克。
- 先筛出一些低筋面粉。
- 将菜刀水平插入香草豆荚，用刀刃把里面的豆籽捋出来。需要使用，所以不要扔掉。
- 准备一个碗，尺寸要能放入锅里，再准备半碗冰。

① 碗中放入蛋黄和40克蔗糖，用搅拌机搅拌。呈蛋黄酱状时，加入筛好的低筋面粉，搅拌均匀。

② 往锅里倒入牛奶，把之前的香草豆荚放进锅里，用文火加热。平底锅的边缘蓬松起泡后，将一匙牛奶倒入步骤①中，用打蛋器充分搅拌。完全搅拌均匀后，把剩下的牛奶全部倒进去，用打蛋器充分搅拌。

③ 把粗布铺在空锅上，过滤步骤②中的液体，去除面粉结块和香草豆荚。

④ 将锅用文火加热，用打蛋器不断搅拌。过1～2分钟，液体打到浓稠后就会变重，但不要停止搅拌，打到黏性消失，质地光泽润滑，直到用打蛋器向上提起，液体会慢慢滴落的程度。

※ 如果用大火加热，蛋黄会凝固，所以用文火慢慢加热。

⑤ 在准备好的碗里放入冰块，倒入水。将步骤④的锅底放入水中急速冷却，用打蛋器不断搅拌，使奶油整体达到均匀的温度，以避免呈糊状。待完全冷却后，用橡皮刮刀把奶油转移到食品储藏罐中，为防止其表面接触空气，用保鲜膜封好后放入冰箱。

⑥ 在食品搅碎机中加入处理过的木棉豆腐90克和蔗糖15克，搅拌均匀。加入朗姆酒，搅拌均匀。从冰箱里取出步骤⑤的糊状物，全部混合均匀。放入有花嘴的挤花袋或食品储藏罐中(使用食品储藏罐时，要在封口处再用保鲜膜裹紧)，放入冰箱里冷藏一个晚上就好了。

柑橘果干与橘子酱

此处介绍不喜欢柑橘苦味的人也一定会觉得美味的、值得珍藏的甜点。该食谱的特点是在煮皮时加入果肉，使其格外多汁。剩下的果皮和果肉可以用来制作橘子酱。

材料（制作简单的分量）

柑橘（尽可能使用无农药或少农药的）……5个

※ 使用夏橙、甘夏、八朔柑等果实较大的品种，只要是皮厚的都可以。左图使用的是河内晚柑。

柑橘皮用

洗双糖……初步处理后的果皮＋果肉重量的60%

※ 如果不排斥带茶色的话，也可以用蔗糖。

橘子酱用

洗双糖……初步处理后的果皮＋果肉重量的50%

※ 如果不排斥带茶色的话，也可以用蔗糖。

初步准备

• 将柑橘充分洗净，用刀纵向切进果皮，绕一圈，削去果皮备用(注意不要切到果肉)。将果肉上残留的皮全部剥下，取出果肉备用。籽是用来制作橘子酱的，所以要全部取出并保留下来备用。进行上述的初步处理后，取出3.5份果皮＋2份果肉来制作果干，剩下的用于制作橘子酱。

柑橘果干

① 将分出来作果干的果皮，用手把橘皮内面的橘络除去。

※ 如果喜欢厚的话，这一步就不要剥去太多橘络。

② 将果皮放入锅中，注入适量的水（水量能盖过果皮即可），大火煮沸。煮沸后将火调小，保持微沸腾的状态，约煮15分钟。

③ 将锅移至洗碗池，用流水洗净，直到锅内的水全部换为新水为止。重复步骤②③的工作2 ~ 3次，直到果皮变得透明，试吃一下有微微的苦味。如果还觉得苦味较重，可以再追加一次这道工序，但香味会随着苦味一起流失，所以要注意不要煮得太久。

④ 用筛子取出锅里的东西，沥净水。用手轻轻挤压，但不要破坏果肉，然后放到盘子里，加入分出来做果干的果肉，称出总重量。然后计量出相当于总重量60%的洗双糖。

⑤ 将果皮、果肉和1/3的洗双糖倒入空锅中，用中火煮。煮沸后调小火，为了避免煮糊，要时不时用木铲搅拌，煮20分钟。

⑥ 加入剩下的1/2洗双糖，同样时不时用木铲搅拌，煮20分钟。

⑦ 加入剩下的洗双糖，用木铲时不时搅拌，煮10分钟，直至黏稠为止。把锅从火上端走，盖上锅盖放置一晚。

⑧ 将烤箱预热到100℃。预热的时候在烤盘上铺上烘焙纸，将步骤⑦的果皮以间隔1厘米的距离排入烤盘中。预热结束后，用烤箱烘干40分钟至1个小时(20 ~ 30分钟后打开一次，用手逐一翻过来)。直到用手摸时感觉虽然有水分，但是不粘手为止。从烤箱中取出烤盘冷却。可以将烤好的果皮放入食品储藏罐或食品保鲜袋中，在冰箱里冷藏能保持3个月，冷冻能保持1年左右。

橘子酱

⑨ 取出做橘子酱的果皮，用刀剔除皮内侧的白筋，然后切宽1厘米的细条。

⑩ 将取出的柑橘籽放入小碗中，用热水浸泡（水量盖过果皮即可）。

⑪ 锅内加水煮沸，放入切成细丝的果皮煮2 ~ 3分钟。试吃的时候稍微感到苦味的程度，便将锅从火上移开。如果还觉得苦味较重，可以重复一遍这一工序，但不要煮得太久，以免香味和苦味一起流失。

⑫ 用筛子取出锅里的东西，沥净水。用手轻轻挤压但不要破坏果肉，放到盘子里，然后分出来做橘子酱的果肉，称出总重量。接着计量出约等于总重量50%的洗双糖。

⑬ 将果皮、果肉、洗双糖、浸泡在水里的籽放进空锅中，常温下放置2小时(在冰箱里放置一晚更好)。

※ 这一步可以提前把果汁抽出来，缩短煮的时间，风味还能保留得更好。特别是在冰箱里慢慢把果汁抽出来，用大火快速煮好后的果酱味道绝佳。

⑭ 将步骤⑬的锅转中火煮，直到锅内沸腾。捞除大泡沫后转成中小火，一边用木铲搅拌，一边捞除泡沫，煮20分钟左右。拿掉柑橘籽，再用文火煮5 ~ 10分钟，直到黏稠为止。保存时，要趁热把酱放入煮沸消毒过的瓶子中，轻轻盖上盖子，放入锅中，将足以淹没瓶肩的水倒入锅中加热至煮沸，使瓶子在锅中煮沸约20分钟(注意不要让水进入瓶子，不然会引起腐坏)。拧紧盖子，将瓶子倒置，自然冷却。放在冰箱内可保存约3个月。

※ 橘子酱等柑橘类的果酱煮得太久，冷却后会凝结成块，最好在稍微呈现松垮时就从火上取下。另外，由于本食谱洗双糖的分量较少，最好早点吃完。

巧克力饼干

混合了两种巧克力和杏仁块的厚烧饼干，口感满分。除了松脆的口感，还能感受到岩盐独特的咸味。如果配上深煎的奶香咖啡，能让整个下午都充满活力。

材料（直径5厘米的饼干10块）

无盐黄油……105克

蔗糖……80克

鸡蛋……25克（中等大小的半个）

低筋面粉……160克

杏仁粉……20克

发酵粉（无铝）……1克

岩盐……1克

美国大杏仁……50克

点心用巧克力（甜）……40克

点心用巧克力（苦）……40克

初步准备

- 将黄油切成约1厘米见方的小块，常温放置20 ~ 30分钟，让其自然软化。
- 先把鸡蛋打散，称好重量备用。
- 将低筋面粉、杏仁粉、发酵粉、岩盐一起过筛。
- 用刀将美国大杏仁和两种巧克力大致切一下。

1. 在碗里加入软化后的黄油，用打蛋器打成奶油状。
2. 加入蔗糖，再用打蛋器搅拌成蛋黄酱状。
3. 将打好的鸡蛋分两次加入，每次用打蛋器打匀。
4. 将一起筛好的低筋面粉、杏仁粉、发酵粉、岩盐分两次加入，每次都用橡皮刮刀搅拌均匀。在粉末消失前，加入切碎的杏仁和巧克力，混合均匀。在碗上盖上保鲜膜，放入冰箱冷却2小时或一个晚上，直到面团完全凝固为止。
5. 从冰箱里取出面团，分成10等份，每个都轻轻揉圆。将烤箱预热到200℃。在烤盘上铺上烘焙纸，将圆形的面团摆入烤盘，用手掌从上方压扁，使其成为直径约5厘米的圆饼。

   ※ 整形时不需要一定将面团弄成正圆。多少有些不整齐烤出来才比较独特。
6. 预热完成后，将烤箱设置为190℃。将烤盘放入烤箱烤20 ~ 25分钟，直到烤出颜色。把烤好的饼干放在散热架，冷却后就做好了。

① 做蛋挞面团。将低筋面粉、全麦粉、蔗糖一起过筛到搅拌器中，搅拌15秒。加入冷却的黄油和橄榄油，再次搅拌15 ~ 30秒。感到有点儿干后，将用冷水溶开的蛋黄、岩盐加入，搅拌15 ~ 20秒。整理好面团后用保鲜膜包好，放入冰箱冷却1小时。

② 在工作台上撒上少许低筋面粉。从冰箱里拿出面团放在工作台上，用擀面杖将面团擀成喜欢的厚度(3 ~ 5毫米)。将面团卷在擀面杖上，移动到冷却后的蛋挞模具上，用手将面团紧贴模具内侧按下去，注意不要弄破面团。超出模具的面团用刮板切下来。

③ 用叉子在面团上刺出一些小孔洞，连同模具一起放进冰箱中冷藏1个小时(防止烘焙萎缩)。

④ 将烤箱预热到180℃。预热结束后，将模具放在烤盘上烤20分钟，烤好后放在散热架冷却。

⑤ 做豆腐杏仁酱。将软化的黄油倒入碗中，用打蛋器搅拌成奶油状。依次放入蔗糖、蜂蜜、橄榄油、切好的豆腐，每次用打蛋器搅拌至混合为止。将打好的鸡蛋液分三次加入，每次用打蛋器搅拌至混合均匀。

豆腐杏仁蛋挞

这是用了很多豆腐的蛋挞。虽然看起来很朴素，但是松脆的蛋挞口感充实。也能让人感受到豆腐的香味。冷却后会更加美味。

材料（直径18厘米的蛋挞模具1个）

[蛋挞面团]

低筋面粉……90克＋适量（模具用、手粉）

全麦粉（低筋面粉类型）……25克

蔗糖……8克

无盐黄油……65克＋适量（模具用）

橄榄油……25克

岩盐……2克

冰水……20克

[豆腐杏仁酱]

无盐黄油……85克

橄榄油……10克

蔗糖……45克

蜂蜜……10克

木棉豆腐……1块（300 ~ 400克）

※ 参考初步准备中的去除豆腐水分，使用其中的40克。

鸡蛋……45克（中等大小的鸡蛋不到1个）

豆腐渣……25克

杏仁粉……20克

美国大杏仁……15克

※ 也可用杏仁粉代替。

初步准备

•蛋挞皮的准备。

①低筋面粉和全麦粉一起过筛。

②把黄油切成约1厘米的小方块，放进冰箱冷却。

③将蛋黄、岩盐放入容器内，加入凉水充分溶解，放入冰箱冷却。

④在蛋挞模具的内侧涂上模具用的黄油，撒上模具用的低筋面粉，去掉多余的面粉，放进冰箱冷藏。

•豆腐杏仁酱的制作。

①把黄油放在常温下，使其软化。

②用厨房纸包住木棉豆腐，再用干净的毛巾包好，放进盆里。把砧板放在豆腐上，再在上面放一个盛有水的碗，放置1个小时以上。豆腐去除水分后，称量一下大约40克的重量，用手将其拿出。

③将鸡蛋打散，放在常温下。

④将豆腐渣、美国大杏仁、杏仁粉放入搅拌机中搅拌，并将其粉碎成粉末状(如果将15克美国大杏仁换成杏仁粉，就不需要进行该操作)。

⑥ 在豆腐渣中加入碾成粉末状面粉、杏仁粉、美国大杏仁，搅拌直至没有粉状。

⑦ 将烤箱预热到180℃。预热的时候，在蛋挞皮上涂一层蛋黄酱和一层杏仁酱，把中间的蛋黄酱调成样式好看的圆形。然后用叉子背面在上画螺旋状(参见成品图)。预热结束后，将模具放在烤盘上烤40分钟。烤好后放在散热架，冷却后就做好了。

松饼

介绍一下用一个鸡蛋就能烤出松软松饼的做法。如果在前一天就计算好材料使用量，即使是在早上，也能很快完成松饼。

材料

低筋面粉……100克
发酵粉（无铝）……5克
蔗糖……25克
岩盐……0.4克
鸡蛋……1个
牛奶……80克
※ 可以替换成全脂豆浆
无盐黄油……25克
※ 可以用香油替换。
色拉油……适量

初步准备

- 在小碗中放入打好的鸡蛋、牛奶、热水等，用搅拌器搅拌均匀备用。

① 在碗里放入低筋面粉、发酵粉、糖、岩盐，用打蛋器搅拌均匀。加入混合好的鸡蛋、牛奶、黄油，用橡皮刮刀切碎快速搅拌(尽量避免让面粉出筋，有些粉状物也没关系)。

② 平底锅用文火慢慢加热(最少5分钟)，倒入适量的色拉油，调成最小火。从步骤①的面糊中舀出约一半的量，倒入平底锅中形成圆形，煎8分钟左右。当有小气泡冒出来的时候用铲子翻面，大约煎6分钟就做好了。

三色雪球饼

三色雪球饼

材料备齐后，剩下的就交给搅拌器了！虽然4步即可完成简单烹饪，但成品十分松脆，一咬就碎，是笔者非常自豪的作品。尺寸自由，不过推荐尺寸为一口能吞下的大小。

材料（三色雪球饼各16个）

[原味]

无盐黄油……65克

和三盆糖……20克＋5克（装饰用）

※ 可用糖粉代替

杏仁粉……35克

低筋面粉……65克

岩盐……0.4克

糖粉……15克（装饰用）

[抹茶味]

无盐黄油……65克

糖粉……25克

杏仁粉……35克

抹茶……4克＋2克（装饰用）

低筋面粉……60克

岩盐……0.4克

防潮糖粉……15克（装饰用）

[可可味]

无盐黄油……65克

糖粉……25克

杏仁粉……35克

可可粉……8克＋5克（装饰用）

低筋面粉……60克

岩盐……0.4克

防潮糖粉……15克（装饰用）

初步准备

- 将黄油切成1厘米左右的小方块，放进冰箱冷却。

※三种颜色做法一样

① 在搅拌器中加入除黄油和装饰糖外的所有材料，搅拌10 ~ 15秒。搅拌均匀后加入冷却的黄油，再搅拌10 ~ 15秒。用保鲜膜包裹面团，防止空气进入，然后放进冰箱冷却1小时。

② 从冰箱里取出面团，分成16等份，轻轻揉圆。将烤箱预热到200℃。在烤盘上铺烘焙纸，将揉成团的面团排列好，从上面稍微按一按，让其不要滚动。

③ 预热完成后，将烤箱调至190℃，将烤盘放入烤箱中烤20分钟，直到变色。把烤好的面团放在散热架上散热。

④ 最后，在食品保鲜袋里放入2种装饰用食材，合上封口上下晃动，使两种食材充分混合均匀。接着蛋糕也放入袋子里摇晃一下，糖粉粘满蛋糕时就完成了。

天然酵母面包的烘焙基础

发酵种的制作方法

本书介绍的面包都使用“发酵种”。制作发酵种要经过以下3个阶段。首先，用葡萄干、蜂蜜和水，来制造产生酵母的葡萄干酵母液。接下来，用葡萄干、全麦粉和水来制作培育酵母的“原种”。最后，用原种、高筋面粉和水来制作发酵面粉的“发酵种”。该发酵种制作完成，最少要经过12天，完成后的发酵种散发着果香，质感如酸奶一般，这也是制作天然酵母面包的最大乐趣，请一定要挑战一下。

STEP-1

葡萄干酵母液的制作方法

需要准备的东西

食品级酒精喷雾器

小碗

小型打蛋器（金属制的搅拌棒也可以）

橡皮刮刀

夹子

带盖子的玻璃瓶

※ 把果酱等的空瓶盖子拧紧时，由于密封性高，在发酵时由酵母产生的碳酸气体容易引起炸裂，所以要小心使用。

厨房纸（放入带盖玻璃瓶大小的锅中）

材料（制作方便的分量）

矿泉水……350克

※ 使用硬度150毫克/升以下的矿泉水(在超硬水中不能很好地发酵)。也可以将自来水煮沸自然冷却。酵母适合弱酸性的环境，所以不要使用碱性离子水。

蜂蜜……10克

※ 使用天然优质产品，使用的蜂蜜不同，面包的香味和味道会有很大差别。

葡萄干……100克

※ 以无漂白、有机葡萄干最好。本书中使用的是麝香葡萄干。

初步准备

- 开始工作前用肥皂清洗双手，在双手、碗、打蛋器、橡胶铲、夹子上喷食品酒精以消毒。
- 将带盖的玻璃瓶分成盖子和瓶子，分别洗好后放入锅中。将水倒进去，中火加热，煮沸后消毒20分钟。操作台上先铺4 ~ 5张厨房纸巾，用夹子把瓶子夹上来倒着放置约5分钟，沥干水分。用纸巾擦掉瓶子外面和里面残留的水滴，趁瓶子还热的时候用喷雾器喷上酒精，然后自然冷却。

① 在碗中加入1/3的矿泉水和蜂蜜，用打蛋器充分搅拌溶解蜂蜜。将剩下的矿泉水、葡萄干、碗里的蜂蜜水倒入玻璃瓶，用打蛋器充分搅拌。置于26 ~ 30℃的环境中。

② 打开玻璃瓶的盖子，用打蛋器搅拌里面的东西，每天进行2次。

※ 搅拌过程中，氧气会输送给酵母，有利于培育出发酵力度强的液种。另一方面，搅拌过多的话，面包会变成没有味道，所以一天最多搅拌2次。

③ 要一直保持26 ~ 30℃的环境来进行步骤②的操作，5 ~ 7天后液体就会像香槟一样起泡，散发出果香。过了第7天如果还看不见起泡，并且液体有令人不舒服的刺激性气味散发的话，很可能失败了，那时一定要扔掉液体，重新制作。

第1天　　第2天　　第3天　　第4天　　第5天

上图从左开始，第1天：没有变化。第2天：葡萄干变大，液体颜色变深。第3天：葡萄干膨胀，粒与粒之间出现小气泡。第4天：大部分葡萄干都浮上来了，颗粒周围有很多小气泡。第5天：所有葡萄干都能看到起泡了，散发出如同香槟般的香甜果香。

※ 第一次做葡萄干酵母液时，发酵程度可能会比图片慢，不要着急，以发泡状态为基准进行判断。

第6天

④ 顺利发泡后，放入冰箱静置5 ~ 7天，使状态稳定(期间不需要搅拌)。在此状态下可保存3 ~ 6个月，但随着时间推移发酵能力逐渐下降，在此期间必须要进行制作“原种”的工序。

※ 因为是以制作面包为目的培养的酵母，所以绝对不要用于饮用等其他用途。

葡萄干酵母液的续种方法

从制作好的葡萄干酵母液中，取15克用于“续种”。经过多年的反复培育，酵母会适应环境，面包的味道也会逐渐变化。一直使用的话，可减少面团发酵延迟、面包不膨胀等失败的情况，所以即使最初的葡萄干酵母液没有烤成好面包，也不要放弃原液，重复做续种。

无论是制作葡萄干酵母液还是续种，成功的决定性因素都是“消毒”。为了保存酵母，需要在26 ~ 30℃的温度下培养，每天还要充分搅拌，让空气进入玻璃瓶内。但这样不仅是酵母，也为其他杂菌提供了较好的生长环境。所以尽可能不要让杂菌随着人手混入，培育出健康的酵母，是把面包烤得又好吃又漂亮的捷径。

续种方法

从最初制造的葡萄干酵母液中取出15克。准备与P80 ~ 81[葡萄干酵母液的制作方法]相同的工具和材料，做好准备。工序①在玻璃瓶中加入矿泉水、葡萄干、蜂蜜水时，也加入之前分离的葡萄干酵母液15克，剩下的工序如前述一样进行。如果是续种，过2 ~ 3天就能看到像工序③一样的出现发泡情况。之后一定要在冰箱里放置5 ~ 7天，使状态稳定后才能用于面包制作。

STEP-2

原种的制作方法

需要准备的东西

小碗	粗布
橡皮刮刀	计量器
干净的纱布	计量用茶匙（大茶匙）
保鲜膜	食品级酒精喷雾器

材料（制作方便的分量）

全麦粉（高筋面粉类型）……30克

葡萄干酵母液的浓缩液（参考初步准备过滤的东西）……20克

矿泉水……10克

※ 参照P80“葡萄干酵母液的制作方法”材料栏矿泉水的注意事项。

初步准备

- 在开始工作前，应用香皂清洗双手，并将双手、茶匙、碗、橡皮刮刀用食品酒精喷雾器进行消毒。
- 从葡萄干酵母液中提取精华。将碗和粗布放在计量器上，再用干净的纱布盖住。从玻璃瓶里取出1汤匙葡萄干酵母液放在纱布上，用手挤干。反复进行此步骤，共提取20克浓缩液。

① 在碗里放入全麦粉、葡萄干酵母液中提取的浓缩液、矿泉水，再用橡皮刮刀搅匀，直到没有粉状为止。完全没有粉状后，用保鲜膜覆盖，放在25～30℃的环境中发酵5～10个小时。

② 当面团膨胀到约两倍大时，直接放进冰箱冷藏(最少8小时。在此状态下，最多可保存20小时)。

③ 图为在冰箱里放8小时的状态。接下来，进入下一个步骤——制作发酵种。

STEP-3

发酵种的制作方法

需要准备的东西

小碗

橡皮刮刀

保鲜膜

食品酒精喷雾器

材料（制作方便的分量）

原种……全量（约60克）

高筋面粉……60克

矿泉水……60克

※ 参照P80“葡萄干酵母液的制作方法”材料栏矿泉水的注意事项。

初步准备

- 在开始工作前，应用香皂清洗双手，并将作业台、双手、橡皮刮刀用酒精进行消毒。

① 在碗里放入原种和矿泉水，然后用橡皮刮刀把原种搅匀，然后加入高筋面粉，搅拌至完全没有粉末状为止。

② 完全没有粉末后，用保鲜膜覆盖，在25 ~ 30℃的环境中发酵3 ~ 7小时。当大小膨胀到约原来的两倍大小后，直接放进冰箱冷藏(最少8小时。在此状态下，最多可保存36小时)。最后重量约为180克，当面团散发出类似面包的生酵母的香味就做好了。

发酵种的续种方法

和葡萄干酵母液一样，发酵种也可以用来做面包。第一个发酵种完成后，将60克分开来做“续种”。不过，葡萄干酵母液越反复培养越能适应环境，越容易制作面包，而发酵种最好只进行3次。试过各种各样的方法后发现，这样发酵更稳定，可以使用在各种类型的面点上，并伴有水果香。

连续3次续种的发酵种，要放在冰箱里冷藏，在36小时内用完。如果用不完，就要扔掉。酵母液和发酵种都是微生物的混合物，如果家里有容器的话，将其与食物垃圾一起放入，垃圾会很容易被分解掉。

要产出180克的发酵种，续种时的材料配比为发酵种：高筋面粉：矿泉水=1：1：1，但如若续种时发酵种不足60克时，可以按照1：2：2的比例进行，最后也能得到180克。这种情况下由于酵母菌必须吃掉倍数于自己的饲料(高筋面粉)，所以请将步骤②的发酵时间稍微延长一些。

续种的方法

从完成的发酵种中取出60克。准备与上述“发酵种的制作方法”相同的配料和材料，进行事前准备。将步骤①的原种替换为发酵种60克，之后的步骤相同。

面团的“折叠”和“整形”

折叠 ——将面团分割烘烤的面包 图为菠萝包的面团

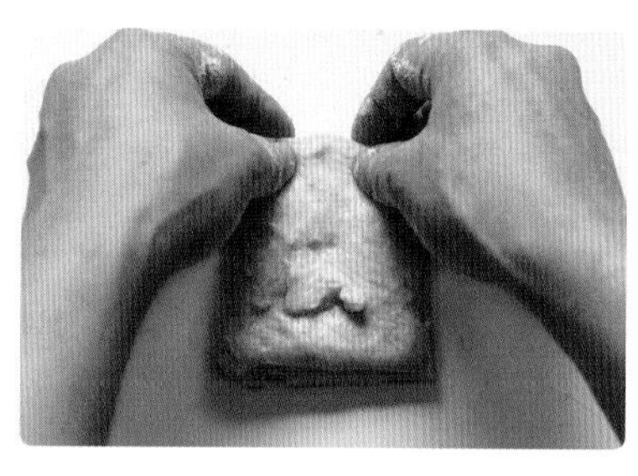

① 将切好的面团翻过来，注意不要过多接触侧面，同时将面团整成长方形，将上端1/3的面团向下折叠。将面团旋转180°，再将上端1/3的面团向下折叠。

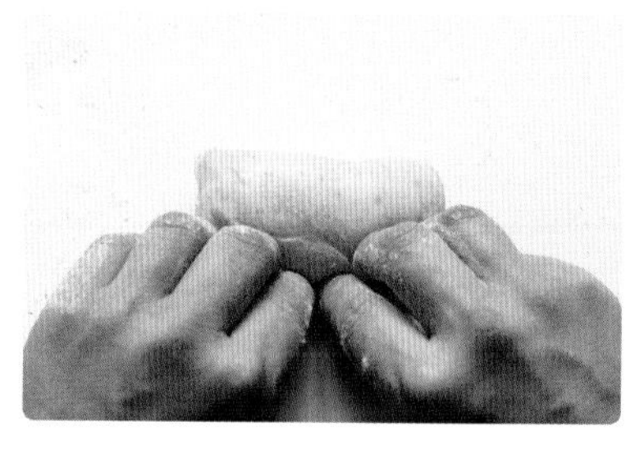

② 在两次折完后，用手指将收口捏紧。

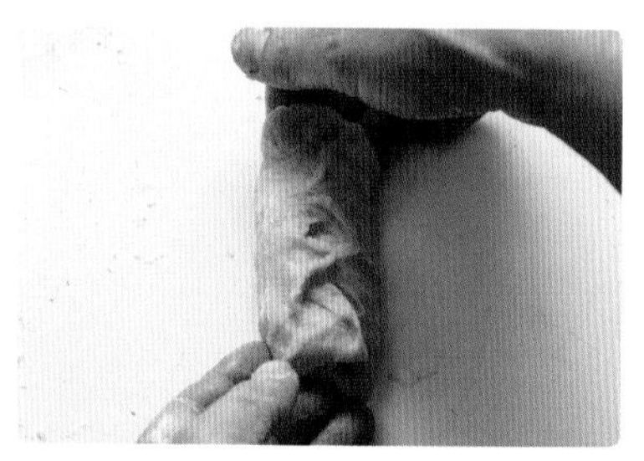

③ 将收口朝上旋转90°。从上方1/3处往下折，保持原样再将上端1/3的面团向下折。

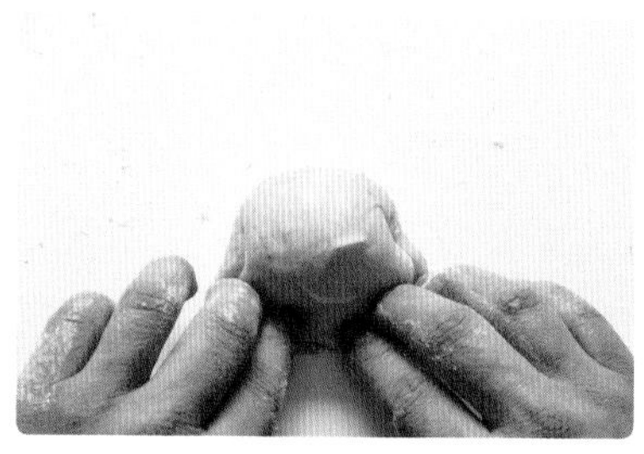

④ 折好后用手捏合收口。

贝果

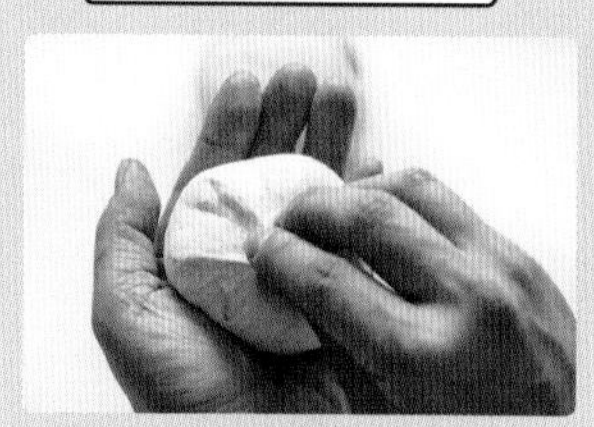

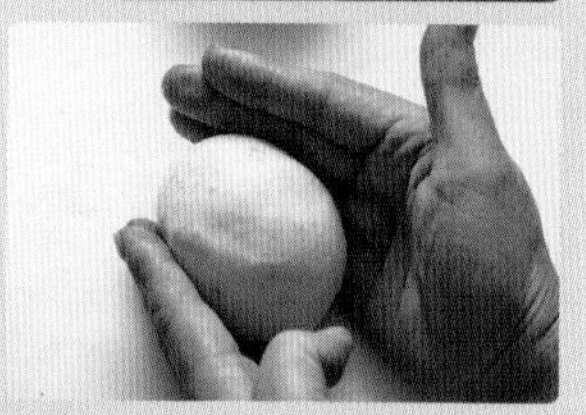

贝果的面团很硬，所以收口很容易张开。工序④后，可将收口朝上并用手使劲捏合。然后将收口朝下放置，将双手放在面团两侧，将面团下方团成圆形，往顺时针方向旋转2～3圈，一边旋转一边将面团整成圆形。

折叠 ——将整个面团烘焙的面包 图片为法式乡村面包的面团

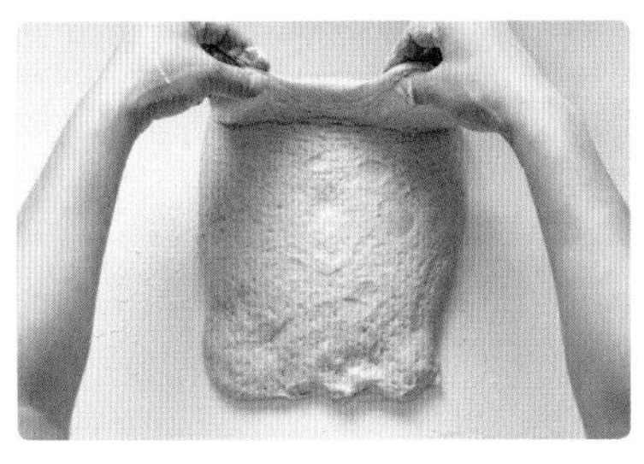

① 注意不要过多接触面团的侧面，同时将面团整成长方形，从上方1/3处折叠。

② 将面团前后旋转180°。

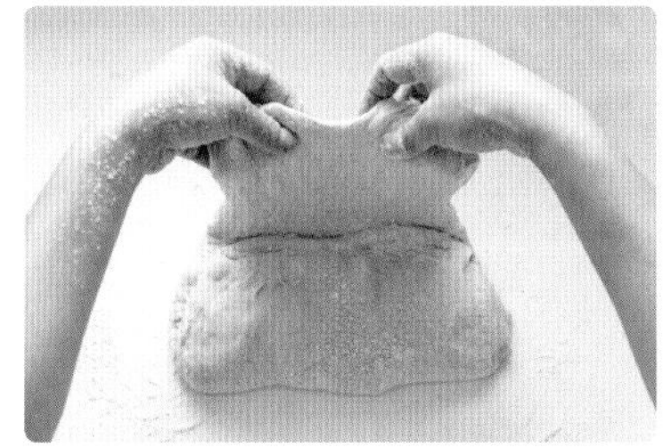

③ 再从上端1/3处折叠，二次折叠结束后用手指紧紧捏和两次收口。

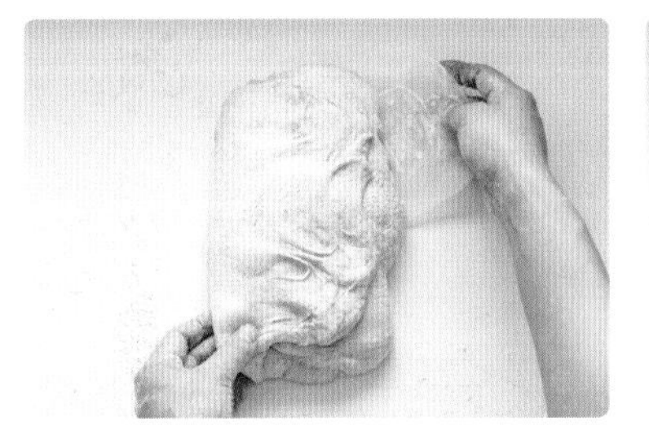

④ 将收口朝上将面团旋转90°。

⑤ 从上端1/3处折叠。

⑥ 然后再从上端1/3处折叠，折完后用手指紧紧捏合收口。

※ 山形面包一般捏合困难，这时可以像图ⓐ那样，用手指将所有的边缘捏紧。

⑦ 把收口朝下重新放好，两侧形成的旋涡也用手捏紧。

山形面包、法式乡村面包第一次折叠时的注意事项

想要让山形面包法式乡村面包面团做好，在第一次折叠时，工序⑦后，将收口朝上，用刮板辅助将面团旋转90°，然后再从上方1/3处折叠，然后从上方1/3处再次折叠，折叠结束后用手指捏合收口。将收口朝下重新放置，用刮板将面团下侧整成圆形，顺时针转动2～3次，整理面团使其更圆。

整形 ——将面团分割烘焙的面包 图为盐面包的面团

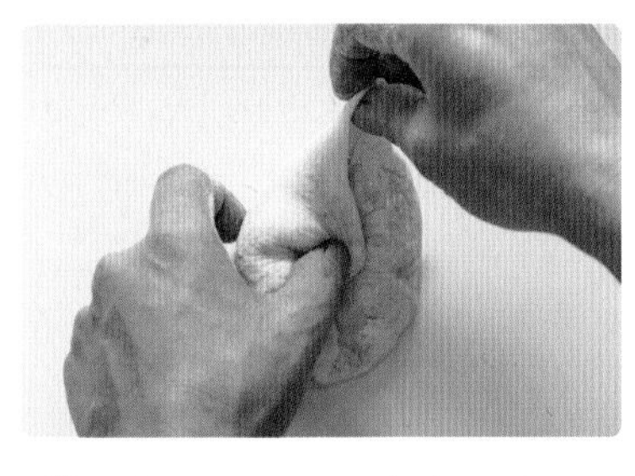

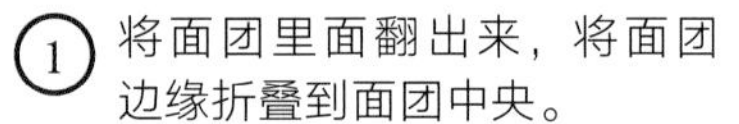

① 将面团里面翻出来，将面团边缘折叠到面团中央。

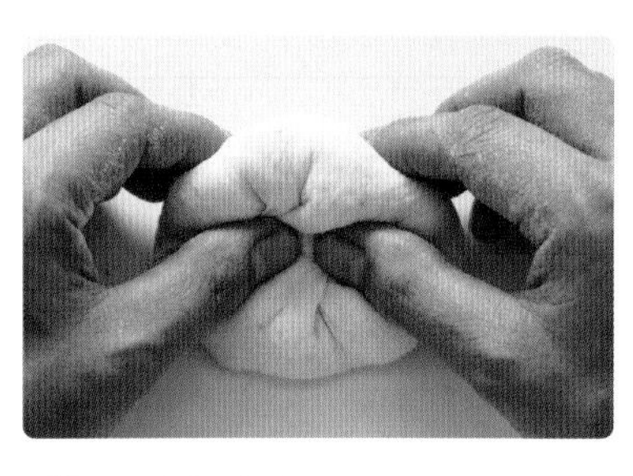

② 用拇指在中央处压合收口。

③ 将面团对折，用手指捏紧收口。

④ 收口朝上，再用手指用力捏合收口。

⑤ 收口朝下重新放置后，用双手将面团下侧调成圆形，按照顺时针转动2 ~ 3次，将面团调整成圆形。

整形 ——将整个面团烘焙的面包 图为法式乡村面包的面团

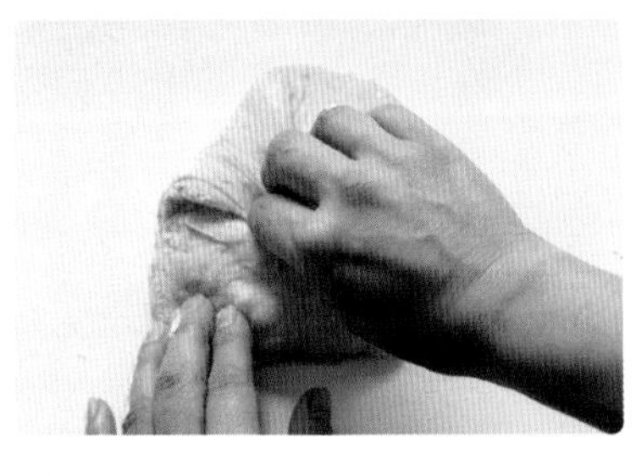

① 将面团里面翻出来，将面团边缘折叠到面团中央。

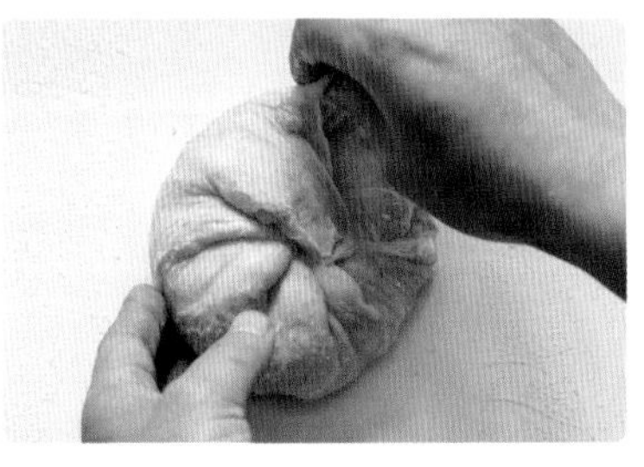

② 用拇指在中央处压合收口。

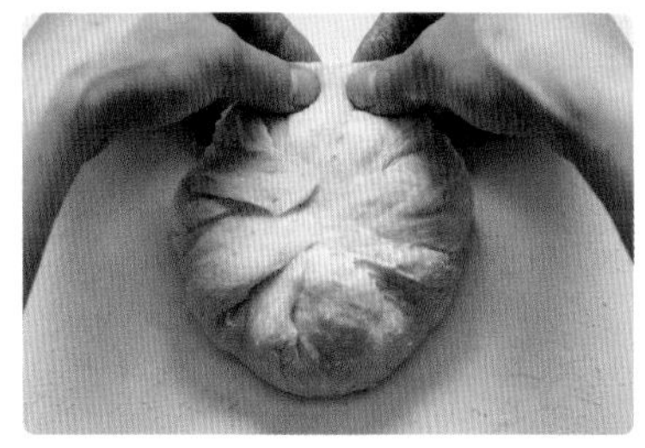

③ 将面团对折，用手指捏紧收口。

④ 折叠完成后用手捏合收口。

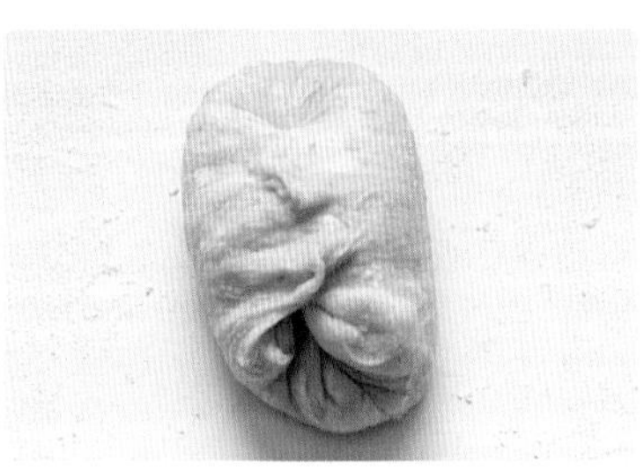

⑤ 将收口朝上旋转90°。

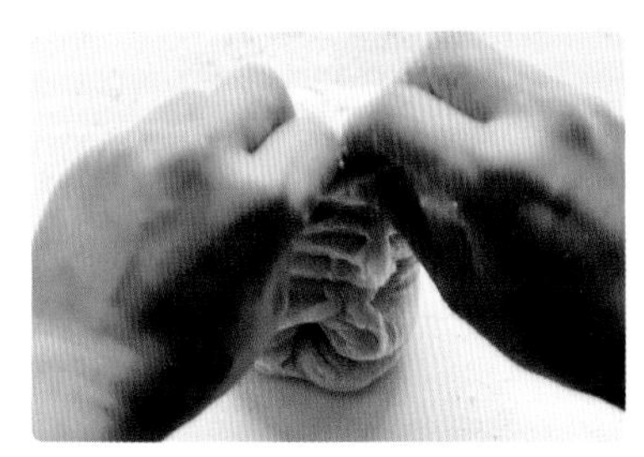

⑥ 从面团上端1/3处向下折。

⑦ 然后再上端1/3处再折一下，折完后用手指捏紧。

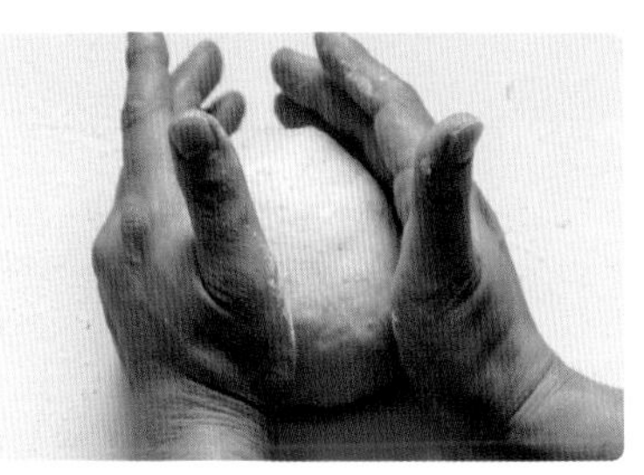

⑧ 将收口朝下重新放置，将双手放在面团下侧，顺时针转动2～3次，调整成圆形。

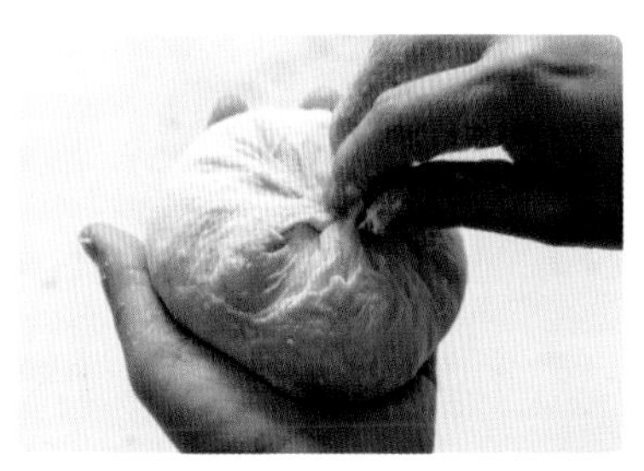

⑨ 由于烘烤面团时，收口很容易张开，所以把收口朝上再用手指再次用力捏合。

天然酵母面包的 Q & A

Q. 烤好的天然酵母面包应如何保存？

A. 本书介绍的天然酵母面包可以冷冻保存。像豆浆面包这样的小面包可以用保鲜膜包好分装，像法式乡村面包这样的大面包可以切片后用保鲜膜单片密封。然后放入食品保鲜袋中，尽可能排出空气密封起来，并在3周内吃完。吃的时候从冰箱里取出，用喷雾器轻轻喷上水，不用解冻直接放入烤面包机即可。烤好后味道跟之前一样。也可以将烤箱预热至200℃，烘烤4 ~ 5分钟。

Q. 用手指测试时，面团下陷怎么办？

A. 用手指测试时，如果面团陷进去的话，那可能就是过度发酵了。发酵温度超过30℃，虽然发酵速度会变快，但酵母也会过于活跃，导致面团容易松弛并有酸味，面包也会失去风味。需要注意的是法式乡村面包，在温度高的时候特别容易发生这类事情。如果遇到过度发酵的话，就用其制作比萨，将面团轻轻擀成比萨，番茄酱和奶酪的味道会盖过酸味，从而可享受到美味的比萨。

Q. 感觉面团容易松弛，是心理作用吗？

A. 本来天然酵母面团在急剧的温度变化中很容易松弛，但为了呈现柔韧耐嚼的口感，本书的配方中加入了大量水。因此，面团会非常柔软，不过面包的口感会很好，无论如何都要试一试。如果你觉得难以制作，可以把溶解酵母菌的水(如果面包是布里欧修面团，可以换成牛奶)减少5 ~ 10克。然后逐渐增加量，慢慢就熟练了。

Q. 葡萄干酵母液在发酵过程中出现令人不舒服的刺激性气味。

A. 如果葡萄干酵母液在发酵过程中产生刺鼻的气味，一定要丢弃并重新制作。如果发现出现霉菌，不要仅仅把有霉菌的地方挖出丢掉继续使用剩下的，而是要全部扔掉。对于原种来说，如果发现产生令人不舒服的刺激性气味，还是重新做比较明智（如果成功的话，会有酵母的香味）。

Q. 在冰箱里静置时，放在蔬果保鲜室可以吗？

A. 在冰箱里静置进行首次发酵时，应避开蔬果保鲜室和真空室，将面团放置在约5℃的冷藏室里。而且要避开冷气排出口。另外，面团很容易吸附其他气味，所以不要把面团和有强烈气味的食品放在一起。冰箱的情况各有不同，有独居者使用的小冰箱，有塞满各种东西的冰箱等，冰箱里的环境也是各种各样，所以请根据自己冰箱的情况微调发酵时间。

Q. 如何做好盛夏和严冬的温度管理？

A. 现在本书食谱中的5种指定温度整理如下：

【制作面包】

①20 ~ 25℃（法式乡村面包）

②23 ~ 28℃（法式乡村面包）

③25 ~ 30℃（法式乡村面包以外）

【制作发酵种】

④26 ~ 30℃（葡萄干酵母液）

⑤25 ~ 30℃（原种和发酵种）

制作面包时，在家里寻找温度适宜的地方，或用暖水袋和保冷剂（参照P10）等方法来调试温度。如果季节适宜，就可能在室温下进行发酵工序（避开阳光直射或空调直吹的地方）。如果家里有发酵器或者保温室，也可使用。此外，酸奶制作机或烤箱的发酵功能也可以使发酵温度保持稳定。事先找适合尺寸的玻璃瓶会更方便。

食材介绍

面粉

按照本书介绍的方法，无论是国外的还是国内的面粉，都能做出美味的面包。我个人喜欢用吸水性好、糯感好的小麦粉来烘焙。最近在网上也能买到各种各样的面粉，请一定要尝试各种面粉，了解面粉也是制作面包的乐趣之一。

蜂蜜

尽量选择天然优质蜂蜜。特别是葡萄干酵母液中使用的蜂蜜，它的质量直接关系到面包的香味和口感。

葡萄干

制作葡萄干酵母液的葡萄干，或是面包上使用的葡萄干，最好选用无漂白的有机葡萄干。

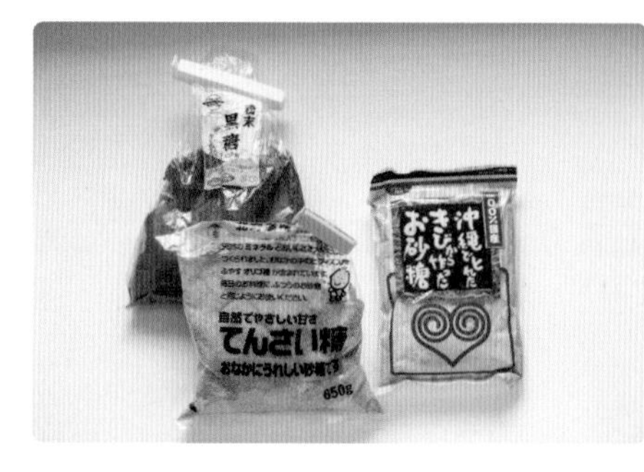

糖

本书主要使用甘蔗糖。但像涂在“菠萝包”表面的，想要突出颗粒感时，还是甜菜糖最合适。虽然推荐的是对身体有益的粗糖，但是如果不在意的话，当然也可以使用白糖。

黄油、鸡蛋

做面包一般使用的是无盐黄油。鸡蛋尽量使用新鲜的。

油

食品储藏罐使用的油只要是色拉油等无公害植物油就可以。香气浓郁的橄榄油用在佛卡夏和盐面包上，在豆浆面包上使用少量香油，可以带来浓郁的香味。

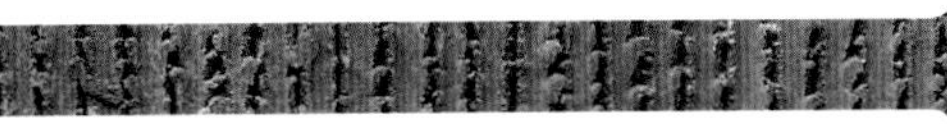

干果

无花果等干果最好选择无漂白、无添加的。核桃和杏仁可以在市场上购买。使用前先把它们碾碎再使用，更添风味。

盐

选择易溶入面团的海盐，作为配料使用时可以选择带有甜味的粗岩盐。

的故事

在这里想介绍一下关于CHIPPRUSON的故事。
这是走过许多曲折路的我，最能放松的地方。
就如同呼吸着这里的空气长大的酵母一般，这家店里也一边经历各种偶然和奇迹，
一边慢慢成长。

我是一个喜欢制作东西的人，在画书和动物的包围中长大。
小学三年级的时候我想当画家。
但是却无法适应学校封闭的环境，偶然的机缘下，得知在西班牙有一个为促进青少年
独立而设定的名为“西班牙儿童共和国”的剧团，在13岁时移居西班牙。

一年后，我回到日本进入了函授高中，但无法放弃“想成为画家”的愿望，
17岁那年春天，我像离家出走一样离开京都，前往西班牙加泰罗尼亚。

之后进入巴塞罗那美术学校，在那里的壁画班学习马赛克画。
我学习了加泰罗尼亚的传统技法。
此后，又学习了人体彩绘、化妆、雕刻等知识。

在26岁的时候第一次接触到天然酵母面包。
有个朋友给了我一本关于天然酵母配方的食谱复印本。
我发现所有的水果和蔬菜都能培养酵母，后来开始用日本的、国外的面粉和有机食材
来尝试烤面包，感觉又回到了热衷绘画的小时候，不断反复、快乐地进行着尝试。
我虽然患有厌食症，但不知不觉中就可以吃自己烤的面包了。

CHI PPRU SON
客様駐車場
CHIPPRUSON
CHI PPRU SON
BREAD & SWEETS

2009年左右，为了记录实验结果，我开始写博客，拍面包的照片。
也开始在咖啡店做面包的相关工作，还在面包教室做讲师。
开始使用instagram后，收到了很多烘焙爱好者的反馈。

我想更加专注于面包制作，想用面包做更有趣的事情。
有了这样的想法后，我就遇到了位于京都西阵的CHIPPRUSON店面。
这所房子所在的街道有色彩缤纷的瓷砖，就像在巴塞罗那学到的马赛克画一样，
我立刻就想在这里开面包店。
内部装饰，是请了在加泰罗尼亚留学时代的美术家朋友们用废品DIY的。

平时在店里默默做着酵母和发酵种，周末做很多当季的面包迎接客人。
在我的天然酵母面包的配方中，至今为止的所有体验都像马赛克一样鲜艳地镶嵌在其中。
我很感谢能够拥有这样像画画一般烤面包的人生。

塩パン
Raison bread
BREAD
Bakery book

Pain de campagne
480
Baguette
350

图书在版编目（CIP）数据

好吃的天然酵母面包／（日）齐藤知惠著；新锐园艺工作室组译．—北京：中国农业出版社，2022.7
（完美烘焙术系列）
ISBN 978-7-109-28495-1

Ⅰ．①好… Ⅱ．①齐… ②新… Ⅲ．①面包－制作 Ⅳ．①TS213.21

中国版本图书馆CIP数据核字（2021）第133991号

HAOCHI DE TIANRAN JIAOMU MIANBAO

中国农业出版社出版
地址：北京市朝阳区麦子店街18号楼
邮编：100125
责任编辑：国 圆 郭晨茜
版式设计：国 圆 郭晨茜
印刷：北京中科印刷有限公司
版次：2022年7月第1版
印次：2022年7月北京第1次印刷
发行：新华书店北京发行所
开本：787mm × 1092mm 1/16
印张：6.5
字数：120千字
定价：60.00元